FENG TSE-KAI's
Six Lectures
on Western Architecture

丰子恺西洋建筑六讲

丰子恺 著　杨子耘 校订

江苏凤凰科学技术出版社·南京

图书在版编目（CIP）数据

丰子恺西洋建筑六讲 / 丰子恺著 ; 杨子耘校订 . 南京 : 江苏凤凰科学技术出版社 , 2025. 1. -- ISBN 978-7-5713-4797-0

Ⅰ . TU-881.1

中国国家版本馆 CIP 数据核字第 2024NA4764 号

丰子恺西洋建筑六讲

著　　　者　丰子恺
校　　　订　杨子耘
责 任 编 辑　刘屹立
助 理 编 辑　马思齐　朱雨琪
责任设计编辑　孙达铭
书 籍 设 计　K J Design Studio
责 任 校 对　仲　敏
责 任 监 制　刘　钧
出 版 发 行　江苏凤凰科学技术出版社
出版社地址　南京市湖南路 1 号 A 楼，邮编 : 210009
出版社网址　http://www.pspress.cn
印　　　刷　南京爱德印刷有限公司
开　　　本　718mm × 1000mm　1/16
印　　　张　11.75
插　　　页　70
字　　　数　180000
版　　　次　2025 年 1 月第 1 版
印　　　次　2025 年 1 月第 1 次印刷
标 准 书 号　ISBN 978-7-5713-4797-0
定　　　价　298.00 元

1962 年，杨朝婴、杨子耘（右一）在日月楼看外公丰子恺作画

建築的起源

校订记

丰子恺先生撰写的《西洋建筑讲话》是一本建筑知识普及类通俗读物，其中的文章先后在《中学生》杂志连载发表，1935年12月由开明书店结集出版，读者对象是学生与建筑艺术爱好者。这部《丰子恺西洋建筑六讲》就是以开明书店版《西洋建筑讲话》为基础校订的。

由于时隔近九十年，当时的一些人名、地名、术语的译名或含义与现在有很大差别，为此须作以下说明：

一、圆括号内的注释与说明系丰子恺先生原注。

二、原著有些术语直接用外文表达，为便于理解，本次校订已在脚注中译成中文并作出解释。原著部分译名，本次校订已直接改为现在通用的名称。如："侃伦本山"改为"科隆大教堂"，"巴尔推浓"改为"帕提侬"，"惠斯民寺"改为"威斯敏斯特教堂"，"环门"改为"拱券"，等等。

三、"寺"和"寺院"原为佛教僧众供佛之建筑，后亦指西方基督教、天主教的教堂，但现今对于"寺""寺院"和"教堂"的概念已有较明确的划分。考虑到各章名表述的连贯，本次校订仍按原文保留。有的知名教堂如“圣彼得寺”和“圣索斐亚寺”，已改为现今通用的“圣彼得大教堂”和“圣索菲亚大教堂”。

四、原著中的距离和尺寸大量使用英制单位，如“英里”“英尺”“英寸”，既不便于读者理解，也与当代实测有误差，故在注释中新增了对应的准确数据并使用公制单位。

五、为最大程度保持原著的语言韵味，一些表述现在读起来也许拗口，这些就不作改动了。

本次校订的特色在于：

一、开明书店版《西洋建筑讲话》附有少量插图，基本延用了其在《中学生》杂志连载时的配图，唯有第六讲的配图较《中学生》略有删改。本次校订收录了原著所有插图，并且对比两版，择优选择了几幅《中学生》中的配图。不仅如此，本次校订还新增了大量高清插图以辅助阅读。

二、原著中有多处建筑专业词汇未作解释，为便于理解，本次校订增加了大量关于建筑的注释和图解。此外，将书中所介绍到的建筑梳理归纳成“从坟到店——西洋建筑简轴”，以便读者一览西洋建筑发展简史。

杨子耘

2024 年 8 月

建築家之夢

卷首言

从艺术上看，十九世纪是绘画与音乐的时代，二十世纪已渐渐变成电影与建筑的时代，立体派的名画家中，有许多人已弃画笔而改业电影。昔日的评家曾称音乐为『流动的建筑』，今日的评家正在赞美建筑为『凝固的音乐』了。

一切艺术之中，客观性最丰富，鉴赏范围最广大，而对于人生关系最切者，实无过于建筑。故自古以来，建筑美术的样式对于人心有莫大的影响。近世艺术由艺术趋向人生，『实用艺术』的建筑忽然勃兴。今日的都市中，新奇的建物琳琅满目，好像开着建筑美术的长期展览会。辨别这种建筑的美恶，探究这种美术的表现与背景，是二十世纪的人应有的要求。

为此，『一·二八』前数月，我曾开始作建筑美术六讲，拟连载于周予同先生所编之《教育杂志》上。写了三讲，『一·二八』事发，三讲的原稿被毁于炮火，不留副稿，遂无心续作。最近数年来，世间建筑美术愈形发达，时时使我回忆起炮火中的三篇讲话来。去秋发个大愿，把烧毁的三讲重新写过，一定要它刊出来。幸而没有逢到第二个『一·二八』，居然在《中学生》杂志上登完了，现在结集出版。虽然重新写出来的与前稿不同，但主题无异，这讲话总算是死而复生。它假如有知，应感谢我与《中学生》的『再造之恩』！

二十四年五月二十一日子恺记于石门湾

新建三層樓
洋式門面
TK

目录

丰子恺西洋建筑六讲

FENG TSE-KAI's Six Lectures on Western Architecture

第一讲　从坟到店

资本主义利用艺术为宣传手段，产生商业艺术。社会主义也利用艺术为宣传手段，产生普罗[1]艺术。现代艺坛就成了这两种宣传艺术的对峙的状态。美国的辛克莱[2]为艺术下新的定义，说“一切艺术都是宣传”。这话看来好像是专为现代而说的，其实不但现代艺术如此，自古以来的一切艺术都是宣传。读过我的《西洋名画巡礼》[3]及《西洋音乐知识》[4]的青年大概总记得：西洋的绘画和音乐，都是在中世纪的宗教时代发达起来的。详细地说，西洋的绘画和音乐都是被基督教利用为宣传手段，成了宗教艺术——宗教画、宗教乐——因而发达起来的。我们只要看：圣书的故事画，到现今还有许多流传世间；祈祷歌和赞美歌，到现今还有许多人唱着，即可想见这两种艺术曾为宗教宣传得厉害。

艺术之中，为社会政策宣传最有力的，要算建筑。因为建筑具有三种利于宣传的特性，为别的艺术所没有的。

第一，建筑这种美术品，形状最庞大。别的美术品，如雕刻、绘画等，无论如何比不得它。因为庞大，故最易触目。绘画、雕刻等不是一般人常见的东西；建筑则公开地摆在地上，人人日日可以看见。因此建筑

1 普罗即英文 proletarian（无产阶级的）音译的略称。

2 辛克莱（Upton Sinclair，1878—1968），美国小说家，“社会丑事揭发派”作家。

3 丰子恺著《西洋名画巡礼》于 1931 年 6 月由开明书店出版。

4 即丰子恺著《西洋音乐楔子》，1932 年 12 月由开明书店出版。

所给人的印象极深。利用这种庞大的形式来作为某种策略的宣传时，最易收揽大众的心。从前的皇帝住的地方必用极高大的建筑，即所谓“九重城阙”；使人民望见这种建筑物时，感情上先受压迫，大家畏缩、震慑，不敢反抗他的专制。

第二，建筑这种美术品，对人生社会的关系最为密切，凡有建筑，总是为某种社会事业的实用而造的。故建筑与事业有表里的关系，不可分离。一切艺术之中，唯工艺美术与建筑两者对人生有直接的用处，工艺品可供日常使用，建筑可供居住。其余的艺术，如绘画、雕刻、音乐、文学、舞蹈、演剧等，都只供观赏或听赏，间接发生效用于人的生活，但不能直接供人应用（绘画虽可作亡人灵前的遗容，雕刻虽可作烈士的铜像，但也只供瞻观而已）。故这些统称为纯正艺术，而工艺美术与建筑则特称为实用艺术。实用艺术的形式与内容关联最切，公共机关、工厂、车站、邮局等，各有其特殊的形式。因了习惯及其形式的暗示，我们望见一种建筑时会立刻想到或感到这建筑所关联的社会事业，心情在无形之中受它的支配。庙貌巍峨，便是宗教要利用建筑来引人信仰而做出来的特殊形式。中国古代佛教的隆盛，“南朝四百八十寺”等宗教建筑的宣传力有以致之。

第三，建筑最富有一种亲和力，能统一众人的感情。故望见九重城阙的百姓会同样地震慑，望见巍峨庙宇的信徒会同样地肃然。跳舞场、咖啡店、旅馆，也会利用建筑的亲和力，做出种种的布置和装饰来克服主顾的感情，借以推广他们的营业。建筑的富有统一大众的感情的亲和力，是为了建筑由纯粹的（无意义的）形状和色彩构成，不诉于人的理智而诉于人的感情的缘故。造型美术之中，绘画和雕刻所表现的形状色彩都有意义，只有建筑所表现的形状色彩没有意义。绘画可以描一个人，雕刻可以雕一条狗；但建筑却不能把房子造成一个人的形状或一条狗的形状，在人的胯下开一扇门或在狗的眼睛里开一扇窗，而叫人走进去住。故绘画雕刻是借用物象的形状色彩来构成造型美的，建筑则不借他物，就用纯粹的形状色彩来构成造型美。借用物象的艺术所及于人心的作用，一半是理智的，一半是感情的。不借用物象而用纯粹形色的艺术所及于人心的作用，全部是感情的。换言之，绘画和雕刻的表现一部分是说明的；建筑的表现则完全是象征的（暗示的，例如用高暗示皇帝的权威，用黄色暗示宗教的庄严等）。感化人心，由理智不及由感情的容易；用说明不及用象征的深刻。所以建筑的亲和力比其他艺术的特别强，最能统一大众的心。上述三种利于宣传的特性中，最后这一点“象征力”为最主要。

建筑因有上述三种利于宣传的特性，故自古以来，常被社会政策、政治企图所利用，为它们做有力的宣传。我们看了各时代或各地方的建筑，可以从它们的样式上窥知当时当地的人的思想与生活。故建筑可说是具体化的时代相。

从埃及时代到现代，世间最伟大的建筑的主题，经过五次的变更：在埃及时代，最伟大的建筑是坟墓，在希腊时代是神殿，在中世时代是寺院，在近代是宫室，到了现代是商店。人类最初热心地造坟墓，后来变成热心地造店屋。窥察其间人心的变化，很有兴味。而且这种建筑物现今统统存在，坟、殿、寺、宫、店，好像五个“时代”的墓碑，记载着各“时代”生前的情状而矗立在我们的眼前，令人看了感慨系之。——现代的商业建筑，像摩天阁、百货公司等，也可说是墓碑，是现代“资本主义”的“喜葬”的墓碑。

我是预备把上面所说的五种大建筑的情状在以下的数讲中一一地详说的。但现在先在这里概括地说一说，当作绪论。

在金字塔牌的香烟[1]壳子上，就可以看到四千年前埃及人所造的坟墓大建筑——金字塔的样子。这种金字塔建在埃及尼罗河畔的沙漠中，是埃及隆盛期诸帝王生前自己建造的“喜葬”。这种建筑物的伟大，令人惊叹：其最大者，那三角形的顶点高约五百英尺，一边之长约八百英尺。用重二吨半的石头二百三十万条，由十万人在二十年中造成。这种大坟墓，当作建筑艺术观赏其形式时，只见极大、极高、极厚，除了一个“笨”字以外想不出别的字来形容。埃及隆盛期的帝王和人民，为什么肯把心力浪费在这样笨的建筑上呢?这是因为虽然号称隆盛期，人智究竟未曾进步，帝王笨，百姓也笨的缘故。帝王握得了绝对威权，高踞在宝座上受万民参拜之后，心中想道:“我贵为天子，富有天下，难道也同虫豸般的百姓一样地要死？我死后一定会活转来。赶快派十万百姓给我造坟！要造得极高、极大！万一我活不转来时，也好教百姓看了我的坟战栗，不敢造反。”古来的帝王贪恋威福，大都作这样的感想。秦始皇、汉武帝等都访求不死之药；齐景公游牛山，北临其国而流涕，希望自古无死，使他可以久坐江山。这都是同样的笨；然而埃及的帝王笨得聪明而且凶；他能利用那庞大的实用艺术的亲和力来镇伏万民的心，使他们在这个君主绝对威权的象征物之下，永远瑟缩

1　20世纪30年代国内知名的卷烟品牌。

金字塔牌烟标

地臣服，不敢抬头。不要说当时的埃及人民，就是教现在的我们，一旦到了尼罗河畔的大沙漠上，仰望这个“君主绝对威权”的大墓碑时，恐怕也要吐出舌头半晌缩不进去呢！这是上古政教一致，君主专权时代的“大”建筑。现代商业都市的“大”建筑，显然是模仿这种坟墓建筑的办法，以夸示金融资本的威权的。

希腊时代的建筑，则用“美”来代替了埃及的“高、大、厚”而收揽民心。这也和希腊的风土人情相关联：四千年前，埃及和爱琴海文化已经炽盛；然欧洲尚在长夜的黑暗中，仅为新石器时代的民族的居屯地。其时中央亚细亚[1]的原始民族逐羊群而西南行，流入这天然形胜的希腊半岛。他们受了高丘上的橄榄的香气

1　指希腊以东的小亚细亚半岛（Asia Minor Peninsula），又称安纳托利亚半岛，位于今土耳其境内。

的熏陶，为苍茫的地中海和缥缈的爱琴海的灵气所钟，养成了一种美的民族性。就首先为欧洲创造光明灿烂的文化艺术。起初，希腊久受波斯的侵犯。到了大政治家伯里克利[1]（Perikles）的时代，希腊联盟国制胜波斯，就乘势发扬国内的文化。伯里克利是主张民主主义的人，就训练雅典的自由市民，教他们建设起空前的文化来。其首先经营的，是修理先年被波斯军毁坏的卫城。在这卫城里建造大理石的神殿，以供养雅典市的守护神。当时雅典借战胜的余光，掌握全希腊的经济权，又集中全国一致的民主的共产精神，复兴的气象充满了全都市。伯里克利引导民众，把全副心力集中于这神殿的营造上。那守护女神的雕塑，由当时大雕刻家菲狄亚斯[2]（Phidias）担任；神殿的建筑，由当时大建筑家伊克梯诺[3]（Ictinus）指挥。造型的优美，诚可称为空前绝后。那神像用黄金和象牙造成，姿态优美，庄严无比。那神殿全用世界最良的大理石构成，各部力学的均整与视觉的谐调两方并顾，作有机的结合。全部没有一根死板板的几何的线，那檐、柱、阶，看来好像是直线，其实都是曲线。因为希腊人民的审美的眼力非常锐利。几何的直线，常因错觉的作用而望去似觉不平或不直，故必须用相当的弯度补足错觉，望去方才完全平直。所以那种神殿建筑粗看好像率直，

1　伯里克利，古希腊民主派首领，公元前443至前429年为雅典最高领导者。

2　菲狄亚斯，古希腊雕塑家，负责帕提侬神庙的雕塑设计，著名作品包括雅典卫城的铜像《雅典娜》、帕提侬神庙的《雅典娜·帕提侬像》和奥林匹亚的《宙斯像》等，被视为古希腊雕塑全盛时期的代表作，现多已不存。

3　伊克梯诺，公元前5世纪古希腊雅典最著名的建筑师之一，与卡里克拉特（Callicrat）设计了雅典卫城的帕提侬神庙。

雅典卫城，远处台地上是帕提侬神庙

不过是石基上立着一排石柱，盖着石檐；其实优美绝伦，为千古造型美术的模范。关于这事，以后分讲中当再详说。总之，伯里克利适应了希腊人的明慧的审美眼的要求，建造这精美的神殿来集中人民的瞻观，统一人民的精神。所谓守护神之殿，在意义上想来是迷信；但在形式上看来的确大有守护之功：黄金时代的希腊共和国的自由市民的心，是全靠这建筑的美的暗示力所统御着的。可惜这种神殿建筑，一部分被历次的战争所毁坏，一部分的雕刻被英国人偷去供在大英博物馆的爱琴室中，现今雅典本土所存在的只有破损了的一部分。虽然破损不全，仍可个中见全，由此想见黄金时代的盛况。所以诗人拜伦凭吊希腊，慷慨悲歌，写成有名的《哀希腊》的诗篇。[1]

希腊之后，罗马隆盛，但罗马人注重物欲，不甚讲究艺术，故虽有剧场、浴场等大建筑，少可称道。罗马帝政衰而基督教兴。首先提倡基督教者是有名的君士坦丁大帝。他把基督教定为国教，国王就是教王，国民都是教徒。这是利用宗教来维持帝业。为欲永固帝业，非弘扬教法不可。于是欧洲一切文化艺术，都受了宗教化。自十二世纪至十六世纪之间的建筑，差不多全部是寺院建筑。寺院与神殿有分别：希腊的神殿，里面只供神像，参拜者都在殿外。所以神殿不必大，但求眺望的美观。中世的寺院，则供养圣像之外，兼作教徒祈祷礼拜之所。故地方必须较大，且兼求内外形式的美观。基督是升天的，教徒的灵魂的归宿处是天上。故寺院建筑的形式便以"高"和"尖"为特色。屋顶塔尖高出云表，好像会引导人的灵魂上天似的。远近的人民眺望这等寺院，不知不觉之间其心受了建筑形式的暗示力的感化，对于基督教的信仰便一致地强固起来。这种寺院建筑有种种派别，但其中最能尽量发挥"高"和"尖"的特色的，要算哥特式（Gothic）。那种寺院现今留存在法兰西、意大利等处的，很多很多。其形式，为了极度地要求垂直的效果，不用粗的柱子而用许多细柱合成的柱束；又不用壁，柱束之间统用

1 拜伦（George Gordon Byron，1788—1824），英国19世纪浪漫主义诗人。1823年，拜伦投身希腊独立战争，次年病逝于军中，他的贡献与牺牲被希腊人民深深铭记。《哀希腊》（*The Isles of Greece*）出自拜伦的长诗《唐璜》，反映了拜伦对希腊人民争取自由和独立的深切同情，以及对希腊古代辉煌文化和英雄主义的赞美。

尖头的窗，因为尖头可以引导人心向上。室内用许多尖头的拱券，屋顶上用许多很尖的塔。故遥望哥特式的寺院，好像一丛雨后春笋，又好像一把火焰。当时这种建筑样式不限于寺院，凡城郭、学校、公所、邸宅，都受它的影响。而在意大利地方，这种“尖”“高”的建筑术尤为发达，他们一味求高，不顾力学的限制而冒险地试建，有几处寺院竟是中途停工。违背建筑的构成的约束而浪漫地偏重形式，其结果必然失败。故哥特式建筑样式，不久跟了教会权与封建制的衰落而被废弃，后来同归于尽。现在我们游观巴黎、科隆，但见 Notre Dame de Paris（巴黎圣母院）、Cologne Cathedral（科隆大教堂）矗立在广场的残阳中，告示着过去的光荣。

以上三时代的建筑，都是宗教建筑。但因了时代精神的不同，建筑形式亦大异：埃及的坟无理地要求“大”，为建筑艺术的摇篮时代的作品，其实不能算是完全独立的美术。希腊的神殿方为建筑艺术独立的开始，在形式美的一点上，可谓登峰造极！哥特式的寺院建筑把精神翻译为视觉形态，一味探求高的神秘，可说是浪漫风的宗教建筑。

文艺复兴时代的建筑，主题仍以寺院为主；但样式变更，废弃哥特式的浪漫，而取古典式的安定。不

夕阳中的巴黎圣母院

夕阳中的科隆大教堂（杨子耘摄）

复千篇一律地崇尚一种样式，依作家的个性而自由创造各种作风。总称之为“复兴式”。但文艺复兴时代，欧洲艺术以绘画雕刻为主流，故建筑不甚有名。

文艺复兴以后，建筑的主题忽由宗教改向人生。但这人生不是民众的人生，是少数统治者们的人生；即建筑的主题便由寺院而变为宫室。

宫室建筑于十七世纪中，兴于法兰西。十七世纪是“王权中心时代”，当时法兰西王路易十四世，是近代专制君王的好模范！他即位后的宣言，是“王者有统治的天权，人民不得参政”，于是大兴宫廷建筑，意欲把世界中心移到法国。其建筑样式即称为“路易十四世式”。这种建筑样式，华丽繁琐、多曲线、多装饰，建筑的构成部都用装饰遮隐，外观注重绘画的效果，内部装饰非常纤巧奢华，实为近世巴黎的浮夸风俗的起源。当时路易十四世曾设立一个美术学院，专门养成“路易十四世式”的美术人才。巴黎有三大建筑，除前述的巴黎圣母院外，还有卢浮宫（Louvre）及凡尔赛宫（Versailles）的两座宫室建筑，这两宫都是路易十四世所完成的。凡尔赛宫，集合许多建筑家、雕刻家和画家，共同完成，尤为十七世纪宫廷建筑的模范。其形式秾丽纤巧，琳琅满目。从前寺院建筑时代的神秘高尚的气象，到这时代一扫无余。这时代的建筑，只有浓重的现世幸福的气象。路易十四世死后，次代的路易十五世，变本加厉地扩张这种建筑式样，宫室的装饰愈加浓艳，其样式特称为“摄政式（style Régence）”。奢侈之风流入民间，上好下效，国风日趋淫靡。其次的路易十六世，赶紧收回以前的浮靡的样式，而归复于古典的安定。这是法兰西大革命后的近代古典派的先驱，不可谓非路易十六世的功绩。但三代的骄奢之报，集中在他一人身上，终于使他失却了民心，犯了死罪。“宫廷建筑”跟了他一同上断头台。

路易十六世上了断头台之后，十九世纪初，拿破仑就出来为法国主政。政权上了这位古代英雄之手，枪花[1]百出，欧洲被他打得体无完肤。赶快把他幽禁在孤岛中，但是各国元气斫丧，民生凋敝，从此人心不安。同时十九世纪科学开始昌明，工业因之而发达，交通因之而便利。生存竞争的幕就在这时候慢慢地展开。生存所竞争的是金钱。要金钱多，最好是经商。现代资本主义商业社会的基础，就在这时候奠定。与人事社会关系密切的建筑艺术，也在这时候开始商业化。建筑在前代曾为贵族的装饰，到现在变成了商人的广告。百层的摩天阁，光怪陆离的玻璃建筑，合抱不交的大柱的行列，统是写字间、办公所、旅馆、酒楼、百货公司、银行的造型的姿态，统是商业的广告艺术。北美财力雄富，世界第二大都市的纽约，尤为商业建筑森林。远望那些高层建筑，高大的墓碑，其无数的窗洞就像刻在墓碑上的一大篇墓志铭。以前《金刚》的影戏片子在上海开映（为未曾看过这影片的读者附注：这影片描写一只大猩猩扰乱纽约，毁屋，伤人，爬到最高层建筑的顶上捉飞机等情状）。我坐在银幕面前而把高层建筑看作墓碑时，便见纽约全市墓碑林立，好像一个公墓。这种高层建筑的形式，兼有了埃及坟墓的“大”和中世寺院的“高”，外加了现代的“新”和“奇”，所以形式的效果非常伟大。其新奇

1　枪花，我国江南一带方言，此处意为“欺人之计谋”。

凡尔赛宫

能挑拨人的注意，其高大能压迫人的感情；作为商业的广告，最为有效，可以夸示资本的势力，广受世人的信用。某建筑家称其所筑的五十层的洋楼为“商业的伽蓝[1]（Business Cathedral）”。这不但是形式上的比拟；在作用上，现代的商业建筑利用形式的象征力来扩张营业，也与中世寺院的利用形式的象征力来引人信仰完全相同。而在建筑材料的驱使上，在物质文明、机械文明的今日，比古代一切自由得多。十万人扛抬二百三十万条两吨半重的石头而在二十年中做成的事业，在现代决不需要如许人力和时间；况且现代有混凝土、玻璃、钢铁等更便利的建筑材料，比较起古代事业来真是事半功倍了。所以古来建筑术的进步，无

1 “伽蓝”这个词汇来自梵语，是“僧伽蓝摩”的略称，佛教寺院的通称。

过于今日。十九世纪的世界艺坛以绘画、音乐为中心，二十世纪的艺坛渐呈以建筑为中心的状态。而古来建筑艺术为社会政策做宣传的努力，亦无过于现代了。

以上已给西洋建筑史描了一个大体轮廓。我们仅从建筑这一端上观察，即可看见自来的人类社会（除了希腊黄金时代以外），都有强权者出来压迫民众，巧立名目以收揽民心，而利用建筑艺术为其威力的装潢、宣传的手段。

社会政策的要求，与造型美术的要求、实际生活的要求，三者常不一致。社会政策要求造极大的坟墓，极高的寺院，极触目的摩天阁，为其政策的助手。但有时为建筑的构成的必然性所难能允许，故埃及的金字塔要费二十年的劳役，意大利的寺院只得中途停工，北美的摩天阁反而不经济（注：摩天阁超过六十三层以上，因为建筑工料特费，反而不经济。故超过六十三层以上的高层建筑是全为竞争广告而造的）。而在群众的实际生活上，也并不需要这样的建筑，其理无须赘说。最近苏俄的建筑家，提倡尊重建筑的实用性，不做无理的夸耀，不尚无理的新奇，而一以群众生活的实用的要求为本。[1] 由此或将展出未来时代的建筑的新样式来，亦未可知。

1 此处指的是功能主义建筑思潮，主张建筑的形式应该服从它的功能，此思潮在 20 世纪 20—30 年代风行一时。

日落时分的纽约天际线，
摩天大楼林立

20 世纪 30 年代从纽约帝国大厦眺望高层建筑森林

丰子恺西洋建筑六讲

FENG TSE-KAI's Six Lectures on Western Architecture

第二讲　坟的艺术

人世间的建筑艺术的最初的题材，不是活人住的房屋，而是死人躺的坟墓。青年的读者听到这话觉得奇怪么？现在我先把这缘由告诉你们。

世间最古的建筑艺术是坟墓（尚未成为艺术的初民时代的东西不算），而这些坟墓都建在埃及。故埃及是文化艺术发达最早之国，而又被称为“坟墓之国”。现今你们倘到埃及去，还可在那里看见许多伟大的坟墓建筑。

埃及人为什么这般热心地建造坟墓？这是古代人的一种特殊的人生观所使然的。

学过史地的人谁都知道：埃及是五六千年前建立在非洲的尼罗河沿岸的一个最古的文明国。世界最古的文明发源地有五，即亚洲的中国、印度、美索不达米亚，美洲的墨西哥和非洲的埃及。这五古国都在四五千年以前就有文化。而其中埃及文明开发尤早，据说在六千年前已有耕种狩猎等社会生活，而且已有象形文字。凡开化最早的国，必定具有气候、交通、物产等种种便利。上述五古国，地点都在温带或热带，

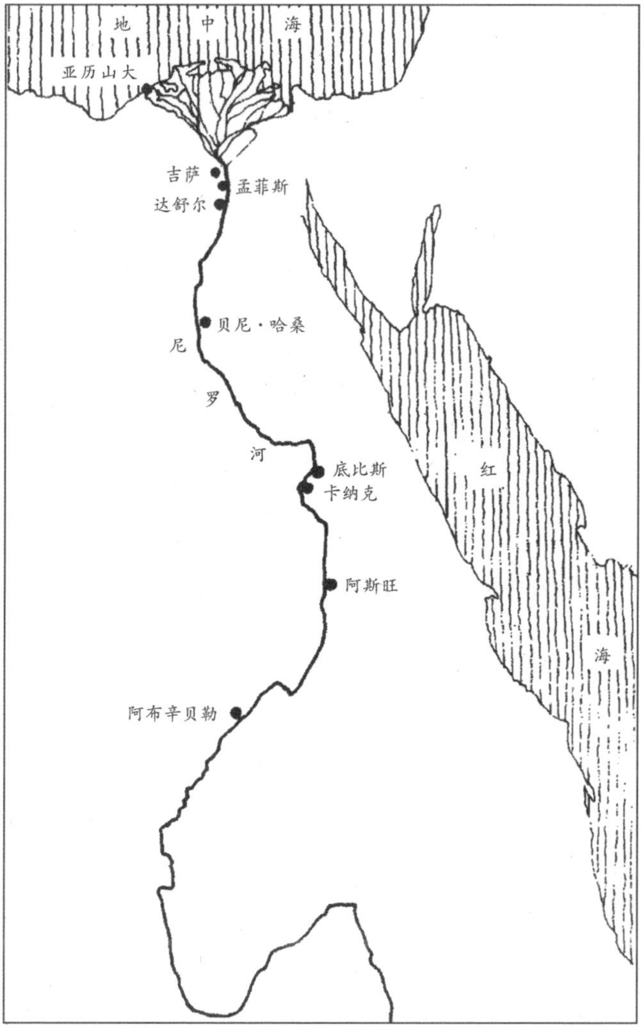

古埃及地图
（图片来源：同济大学建筑系、
南京工学院建筑系合编
《外国建筑史图集》，1978 年）

动植物非常繁殖，生活很丰富；又其地都有河流，灌溉和交通都很便利；这些自然的恩宠，使人类建设了稳固的农业社会，而对于埃及，自然的恩宠尤深：那条尼罗河沿岸土壤异常肥沃，为最佳的农业地带。这河每年秋季必有水泛滥；但这水不是洪水，不为人祸，却使沿岸的农作地增加滋养。故水退以后，不须用劳力去耕种，五谷自会丰登。故埃及人环境最良，得天独厚；其开化亦最早。

但他们饱食暖衣之后，坐在茂盛的棕榈树下眺望自己的环境，退省自己的生活，忽然觉得恐怖起来。因为非洲北部是荒凉的大沙漠，只有他们所住的尼罗河沿岸一带，奇迹地展开着一块绿野。他们的周围都是黄沙白骨，死的国土。他们知道自己的生活端赖太阳与尼罗河两者维持着；假如这两者有一天越了常轨，譬如太阳忽然不出来了，或者尼罗河的水忽然干了，他们这地方也会立刻变成黄沙；他们的人也会立刻变成白骨！“生”与“死”的对照，非常强烈地印象在埃及人的意识中。于是他们对于自然就感到无上的畏怖。

畏怖自然，就产生自然神教。古代埃及人尊自然为神。神中最大的当然是主宰他们的生活的“太阳”与“尼罗河”。此外，牡牛、狼、鹭、鹰、蛇、鳄鱼、甲虫等也是他们的神；鲁迅先生用长竹竿打的猫[1]，也

1　关于鲁迅与猫的故事，见鲁迅的散文《狗·猫·鼠》与短篇小说《兔和猫》。据周作人回忆，鲁迅曾“拿着一支竹竿，我搬了茶几，到后檐下放好，他便上去，用竹竿痛打，把他们打散”。

19 世纪版画上的人首狮身像

被他们尊奉为神。他们以为这些神都能直接掌握人生的吉凶祸福，有求必应。所以他们所雕的神像，常把人形和动物形混合，例如人首狮身、人首羊身，是古代埃及雕刻中常见的形态。

奉自然为神，就在自然中看出人生的意义来。他们看见那种甲虫飞翔了一会儿之后，产卵在尼罗河畔的泥土中而死去。到了明年，泥土中又飞出许多甲虫来。这样一生一死地反复下去，甲虫永远存在，没有灭亡的时候。又看见尼罗河畔的水草，一荣一枯，也永远活着，没有灭亡的时候。他们以为这暗示着一切生命死了都能"复活"，人当然也是如此。他们看见人死了，确信他将来一定会复活，于是设法把他的死骸好好地保存，以便将来复活时灵魂仍旧归宿进去。他们又确信人死后依旧生活着，不过不是活的生活而是“死的生活”，于是设法给他建造“死的住宅”，好让他死后依旧安乐地生活。他们以为这是人生重要不过的大事，把全部精力集中在这工作上。于是，从这特殊的人生观产生特殊的艺术；死骸保存就是造“木乃伊”，死的住宅就是坟墓，埃及的坟墓，完全是模仿住宅而建造的。

最初的坟墓建筑叫作“玛斯塔巴（mastaba）[1]”，是埃及第三王朝以前，大约西历纪元前四千五百年顷所盛行的。所谓玛斯塔巴，大体像我们现在所见的墓，不过大得多，而且上面成平台形，是石造的。近地面处有入口，里面是地下室，室中陈设非常富丽，有各种的供物，有各种的器具；壁上装饰着华丽的雕刻和绘画，内室有死者的家眷的雕像，或坐或侍立，宛如生人一样。最里面的地下室中，躺着死者的遗骸——木乃伊。这宛如一所住宅，不过宅中的人都是死的。

建于第三王朝的玛斯塔巴

1 “玛斯塔巴”是后来阿拉伯人对它的称呼，意思是“凳子”，因为外形很像。

第三王朝以后，坟墓艺术大大地发展起来，其建筑形式就由玛斯塔巴一变而为“金字塔（pyramid）[1]”。现在先把这种艺术出现的时代说明：埃及建国凡四千余年，共历三十王朝，分为古王朝、中王朝、新王朝和末期的四个时代，我们可列一个简明的年表如下：

古王朝时代	自第一王朝至第十王朝 自西历纪元前三二〇〇至前二一〇〇年	金字塔时代
中王朝时代	自第十一王朝至第十六王朝 自西历纪元前二一〇〇至前一五八〇年	
新王朝时代	自第十七王朝至第二十王朝 自西历纪元前一五八〇至前一〇九〇年	
末期——	自第二十一王朝至第三十王朝 自西历纪元前一〇九〇至前三三二年	

古埃及年代划分

其中古王朝是埃及最繁荣的时代，同时也是金字塔建筑最盛行的时代。英主胡夫（Khufu，第四王朝）、哈夫拉（Khafra，第四王朝）、孟卡拉（Menkaura，第五王朝）都在这时代出世，都尽力于金字塔建筑，故古王朝又被称为“金字塔时代”。中王朝是埃及中兴时代，木乃伊制造的技术在这时代最为精进。新王朝是

1　从玛斯塔巴开始，金字塔的形态经历由平台形向方锥形金字塔的演变，第一个演变形式的典型代表是公元前约3000年的第一个完全用石头建成的陵墓——昭塞尔（Zoser）金字塔，是六层阶梯式金字塔。随后经历了像麦登（Medinet）金字塔等大阶梯式金字塔和像达舒尔（Dahshur）金字塔等外形为两折式金字塔的过渡，逐渐发展成为成熟的方锥形金字塔。

埃及人击退东方民族的侵略，而国民运动勃兴的时代，金字塔木乃伊的艺术到这时代开始衰亡。末期埃及为外国势力所支配，民气不振，终于被亚历山大帝所并吞。

金字塔是古王朝时代盛行的建筑，但其灭亡在于第十八王朝（新王朝时代初叶）。故我们可说，埃及全时代的上半是金字塔建筑出现的时代。就中最伟大的金字塔，便是第四王朝的胡夫王、哈夫拉王及第五王朝的孟卡拉王自己督造的坟墓，总称为“三大金字塔”，请看右页图。

三大金字塔，建设在尼罗河下流的吉萨[1]（Gizeh）地方的附近。是西历纪元前约三千年前的建筑物，至今已有五千余年的历史，但还是非常坚固，毫不受“时间”的破坏，于此便可想见当时建筑工程的伟大。材料全部是极坚硬的石灰岩，中央用带黄色的石灰岩，外部盖以白色的石灰岩。

就中最高大的一个金字塔，是胡夫王之墓。高四百八十英尺，三角形的边长七百七十五英尺，斜面的角度为五十一度五十分。[2] 人走近去，只及塔高的约百分之一；绕塔散步一周，费时半点钟以上。其高大由此可以想见。所以建筑的时候，所费的石材和工程，数目也可惊：计用二吨半重的石头二百三十万条，由十万人于二十年间造成。这是胡夫王生前自己指使百

1　公元前30世纪中叶，当时的首都在尼罗河三角洲顶部的孟菲斯（Menphis），吉萨距离首都不远，其遗址在今天开罗西南80千米远的位置。

2　胡夫金字塔又称齐奥普斯（Cheops）金字塔，是埃及现存最大的金字塔，按照国际单位制实测，它占地5.3公顷，塔高146.5米，塔底每边长约232米，四个倾斜面与地夹角为51.8度。

三大金字塔与斯芬克司

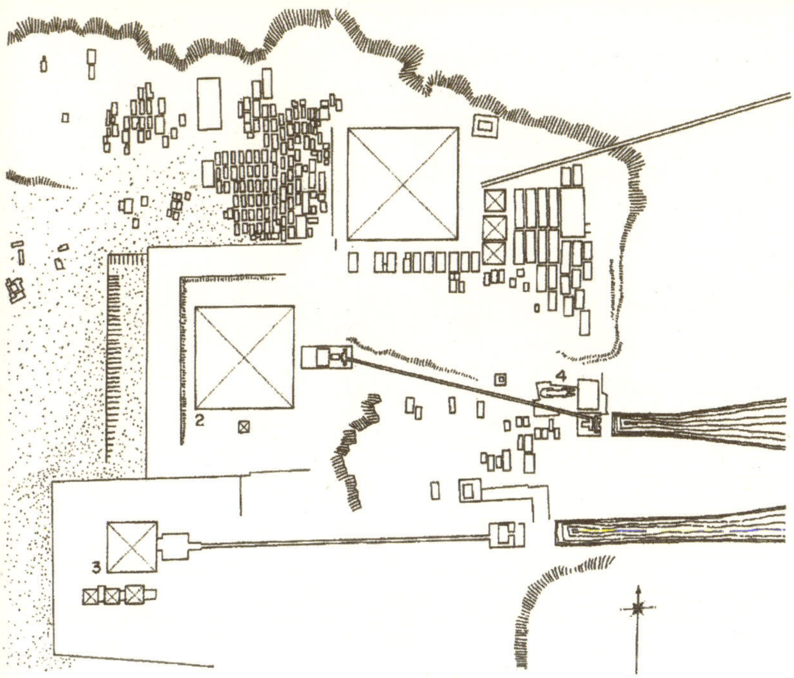

1—胡夫金字塔
2—哈夫拉金字塔
3—孟卡拉金字塔
4—狮身人面像

吉萨金字塔群总平面图

姓建造的。当时埃及人一方面畏怖自然，一方面又研究自然，科学已很发达，数学、天文学等都有可观的成绩。故建筑工程也非常进步，这二百三十万条大石头的镶合，十分精密，分毫不差；全体的形式十分正确，表示着庄严伟大的均齐对称的美；坟墓内部的构造与装置十分坚固而周详。其横断面如下图：

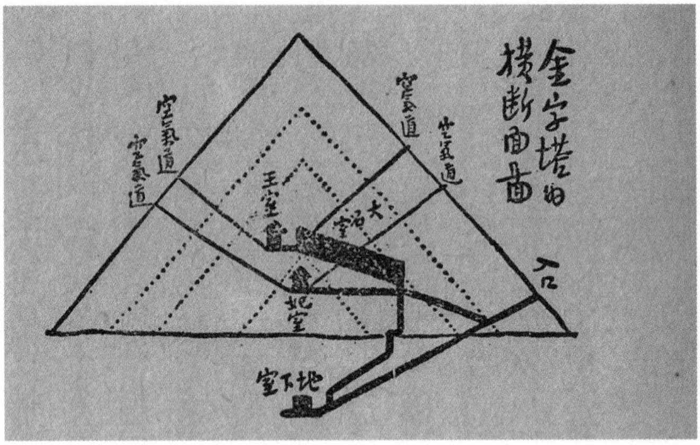

金字塔的横断面图
（《西洋建筑讲话》插图）

从这图中可以看见，坟墓的入口是离地面很高的。向下走了一段路，到了歧路口；再向下是地下室，仿佛人家的仆役室、汽车间之类；折向上便是死者的住宅。先来到一间广大的石室，这仿佛人家的厅堂。这厅堂

图坦卡蒙王墓室的壁画

的里面，便是胡夫王的寝室。内有王的棺材和王生前爱用的种种物件。厅堂的下面，是王妃的寝室，也有王妃的棺材和王妃生前爱用的种种物件。各室都有通气装置，如左页图所示，像天窗一般，一直通达金字塔的外部，使空气可以交流，胡夫王和王妃的鬼住在那里不致气闷或受潮湿。各室四壁都是雕刻和象形文字，记录着胡夫王生前的勋业与功德。

第 033 页图中其余的两个金字塔较小：哈夫拉王的高四百五十英尺，孟卡拉王的高二百十五英尺。[1] 构造大致相似。

1 按照国际单位制实测，哈夫拉金字塔高 143.5 米，孟卡拉金字塔高 66.4 米。

金字塔里面最重要的东西，当然是死骸。埃及人的死骸用药品香料泡制过，可以永远保存，神色同生前一样。这种死骸就是木乃伊。帝王的死骸，当然制得尤加讲究。某考古学者赞叹埃及帝王的木乃伊工作的精美，说“倘使他的臣下复活转来，一定能够立刻认识他们的大王的天颜”。埃及人的造坟墓与制木乃伊，原是为了死者的死后生活的幸福，以及复活时的灵魂的归宿。所以坟墓完全模仿宫室住宅而建造。木乃伊则力求其同生前无异。若制法不精，腐烂或变形了，将来灵魂归来时认不得自己的躯壳，非常危险。帝王的木乃伊，关于这一点顾虑尤加周到，除精制的木乃伊以外，棺材的盖上又刻着非常肖似的死者的雕像，万一时间过得太久，木乃伊朽腐了，而灵魂归来找不到栖处的时候，就可用棺盖上的雕像作为躯壳的代用品，使灵魂归宿进去，复活起来。棺材之外，室中又必陈列死者的许多肖像，或雕刻，或绘画。这些肖像的作用，也无非是求复活时的安全，使灵魂归来时容易找寻自己的归宿所。这种坟墓建筑，在现今的我们看来，正是一所古代生活的博物馆。却不道当初建设的时候，其用意是这样地可笑的！

图坦卡蒙王的棺材
内有精制的木乃伊，棺盖上有雕像

试看右边的图中，三大金字塔的旁边，还有个奇怪的大雕刻，人面狮身，其名为“斯芬克司（Sphinx）”。关于这怪物，有种种的故事。普通传诵的，说这本来是一个活的怪物，住在山中的路旁，见有行人经过，就给他猜谜，猜不着的须给它吃掉。它的谜是：“起初四只脚，后来两只脚，末了三只脚，是什么东西？”行人都猜不出，被它吃掉，白骨在它的身边堆积如山。后来一个聪明人猜着了，说这是人，人幼时匍匐而行，好像有四只脚；稍长会立起来，就变成两只脚；老了扶着拐杖走路，就好像有三只脚。谜猜着了，这怪物忽然死去，化成石质，就是现今的Sphinx。这故事，诸君在英文教科书等处，一定更详细地读到过。但埃及的Sphinx，意义与这不同：如前所说，埃及人信奉自然神教，牡牛等动物被他们尊为神的化身。故他们常把人的形象和动物的形象混合起来，创造一种奇怪的神像。Sphinx正是这种神像之一例。

三大金字塔旁边的Sphinx是何时何人所造，历史的记载也没有确定。有一说，这是在三大金字塔以前的建物，其用意是要它蹲在尼罗河岸上守视河水的；另一说，这是哈夫拉王所造的太阳神的象征，或握着绝对威权的埃及帝王的象征；人面狮身，即表示其兼有人的智慧与狮的勇力的意思。此二说不知孰是？总

埃及吉萨附近的金字塔及斯芬克司（《西洋建筑讲话》插图）

之，是一种极伟大而奇怪的神像。这东西离开大金字塔约九百英尺，其身体长一百五十英尺，高七十英尺，前足长五十英尺，[1]两前足的中间抱着一所殿堂，殿堂里又供着神像。阿拉伯人到埃及来，看了这大怪物害怕得很，称之为“恐怖之父”。这石雕的工程虽无记载，但是我们可想见其浩大，当不亚于金字塔。

为了一个人的死骸安置的问题，要驱使十万人服二十年的劳役。这种专制的手腕远在筑万里长城的秦始皇之上！如前讲“从坟到店”中所述，埃及是专制的国家，帝王有绝对的威权，人民都绝对地服从。故帝王的坟墓造得越高、越大、越厚，其对于人民的压

1　按照国际单位制实测，斯芬克司全长73.5米，宽14米，最高处高约20米。

迫的暗示力越强。这样看来，“复活”之说，也许是愚民的一种策略。宗教是往往被支配者利用为扩张权势的手段的。

埃及艺术有两大动机，一是坟墓的艺术的要求，一是自然神教的艺术的要求。由前者产生金字塔，由后者产生神庙。在古王朝、中王朝时代，这两者是分开的；到了新王朝时代，国内群雄对峙，不复如前的集权于一人，因此大金字塔的营造也就被废，坟墓改用岩窟或与殿堂合一，叫作“坟墓殿堂”。前面说过，埃及的坟墓是模仿住宅的。现在又须知道，埃及的殿堂是世界的缩图。那石造建筑的内部，天花板上涂青色，点缀着许多星，这是表示天的。楣的上部雕着鹰，鹰是埃及人的神，这等神守视着下界。壁的下部描着或雕着波浪、花草，表示地面上的河流。埃及国土分南北两部，埃及的殿堂建筑亦分为两部。一所殿堂是一个天下的缩图。讲到建筑的伟大，同金字塔一样地可惊。现在把最伟大的卡纳克神庙附说在下面。

从开罗（Cairo）溯尼罗河上行三百英里，到了底比斯（Thebes）。这是新王朝时代的艺术中心地，位在尼罗河的东岸。世界最大的宗教建筑卡纳克（Karnak）神庙[1]就建在这地方。这神庙建筑始于第十一王朝（纪元前约二千一百年顷，中王朝初叶）；至第十二王朝更

1　系一综合性巨大建筑群，可分为阿蒙神庙、穆特（阿蒙神的配偶）神庙和孔斯（阿蒙神和穆特之子）神庙三部分。

古老版画上的卡纳克神庙遗迹

丹德拉哈索尔神庙内部
涂有青色的天花板

加扩大;到了第十八王朝(新王朝初叶)营造最为热心,大致臻于完成。后来第二十王朝(新王朝末叶)诸帝王又屡加增修。前后共历数百年方始完成。但大部的工作是第十八王朝的图特摩斯(Thutomes)大帝所经营，故不妨说这神庙是新王朝时代的遗物。

现在把埃及神殿的正面图揭示如下。读者看了殿的门前走着的两个人的大小，便可想见殿的高大，但这是后人根据遗物及记载而想象出来的图样，并非卡纳克的实形。卡纳克神庙现今早已圮坏，仅留存部分的遗迹。但其大体是取这种式样的。

据记载，卡纳克神庙的前面开阔是三百六十英尺，深度是一千二百英尺。[1] 门外路的两侧蹲着无数狮身人面[2]的 Sphinx，为神殿的门卫，上面覆着深绿的棕榈树。殿自外而内，凡经六个牌楼门（Pyron）。第一个牌楼门最巨，幅三百六十英尺，厚五十英尺，高一百五十英尺。[3] 门上雕着帝王的功业的图说。门前左右一对方

埃及卡纳克神庙正面图（《西洋建筑讲话》插图）

1 本段所述的“卡纳克神庙”实指卡纳克神庙中的主要建筑——阿蒙神庙。按照国际单位制实测，阿蒙神庙总长 366 米，宽 110 米。

2 后考证为狮身羊面像。

3 按照国际单位制实测，第一个牌楼门高 43.5 米，宽 113 米。

尖碑（obelisk），碑尖上涂以白金，照在太阳中闪闪发光。碑的四周用象形文字记载着帝王的事迹。门口有一对图特摩斯大帝的大石像。又有一对大 Sphinx。殿内分三进：第一进，四周是巨大石柱，中央陈列着种种高贵的供物，如大瓶的香油，盛黄金的象牙的箱，肥大的牲牛、骏马等。第二进，四周又是巨大的石柱，柱上刻着浮雕，是赞美神的恩惠的。第三进，是一个巨大而幽暗的柱堂，广三百四十英尺，深一百七十英尺，共有大石柱一百三十余根，分作十六列，中央两列石柱最大，直径十一英尺六英寸，高六十九英尺，柱头作花形。左右两旁各七列石柱稍小，直径八英尺五英寸，高同上，柱头作蕾形。[1] 关于这柱堂的巨大，传记者这样地描写着：每根大石柱的莲花柱头上，可以站立一百个人。又说：巴黎圣母院（Notre Dame de Paris）可以全部纳入这柱堂内。各柱全体浮雕，涂金，真是庄严伟大！

1　按照国际单位制实测，大殿内部净宽 103 米，进深 52 米，密排着 134 根柱子，中央两列 12 根石柱高 21 米，直径 3.57 米，其余石柱高 12.8 米，直径 2.74 米。

柱堂剖透视复原图

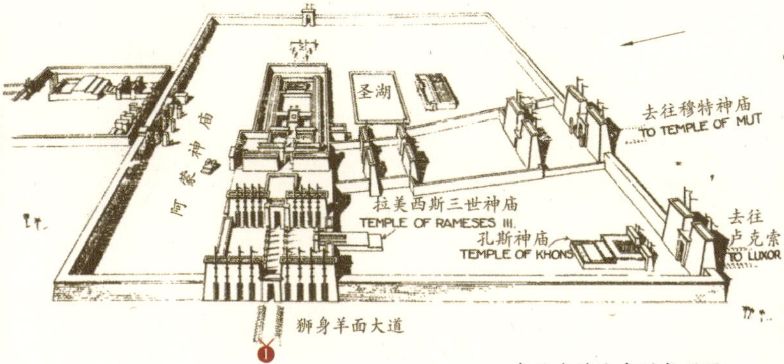

卡纳克神庙鸟瞰复原图

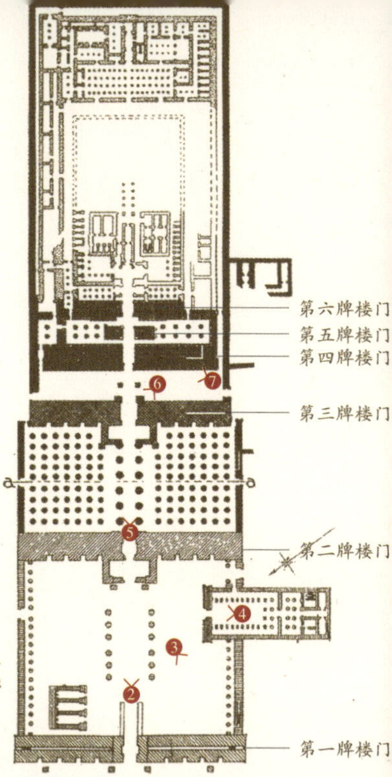

卡纳克阿蒙神庙平面复原图

❶ 第一牌楼门外的
狮身羊面像大道

❷ 从第一庭院看向
第二牌楼门

❸ 第一庭院内
柱子旁的狮身羊面像

❹ 拉美西斯三世神庙

❻ 柱堂中部与两侧屋面高差所形成的高侧窗遗址

❺ 柱堂中央的两列高柱

❼ 左为第三和第四牌楼门之间的图特摩斯一世方尖碑
右为第四和第五牌楼门之间的哈特谢普苏特女王方尖碑

神像供在这大柱堂的里面的幽室中。其神称为“Amon-Re”,就是最高神阿蒙(Amon)与太阳神瑞(Re)的合祠。大帝每年入殿祈神一次，仪式非常隆重。

卡纳克神庙的对岸（尼罗河的西岸），是有名的“死之都”，又称为“王墓之谷（Valley of Kings）”，是新王朝时代诸帝王的坟所会聚的地方。前面说过，新王朝时代的坟墓不用金字塔形式而改用岩窟或殿堂形式。这王墓之谷便是坟墓殿堂的建筑地。墓室都造在地下，室的四周是壁画，室中陈列着“死者的书”，就是记录死者的事迹的。其中主要的，有亚美诺斐斯三世(Amenophis Ⅲ，第十八王朝)，图特摩斯一世(Thutomes Ⅰ，第十八王朝)，赛谛一世（Sety Ⅰ，第十九王朝)，以及拉美西斯二世、三世（Rameses Ⅱ、Ⅲ，第十九王朝）的墓室。十九、二十世纪以来，这些古帝王的墓室常被考古学者所发掘，而从其中搬出许多宝贵的古物来陈列在博物馆里供人观赏。当日的丧葬大礼，到现在只是一种观赏兴趣。人类的历史何等滑稽!

古王朝是坟墓建筑大盛的时代，新王朝是神庙建筑大盛的时代。新王朝以后，埃及受外国人势力的压迫，国势衰落，艺术亦无可言。到了西历纪元前五百二十五年，埃及就被波斯所灭。不久其地又归希腊，纪元前三十年，复由希腊人手中让给罗马。到了纪元后

王墓之谷中的哈特谢普苏特女王墓

六百四十年，埃及各处点缀着簇新的回教寺院，已成为回教的世界，略如现今的状态了。唯有那庞大的金字塔、斯芬克司和神庙遗迹，依旧蹲在那里，直到现今。好像火车中要乘到终点才下车的几个长途旅客，一任旁的人上上下下，只管一动不动地坐在自己的位子里。

丰子恺西洋建筑六讲

FENG TSE-KAI's Six Lectures on Western Architecture

第三讲　殿的艺术

这回要讲的是希腊的神殿建筑的话。希腊的神殿，是古今东西最精美的、最艺术的建筑。我要讲得稍长些。

开头先得把希腊的国情讲一讲。

希腊人是全世界最“艺术的”民族。这与其国的天时地利都有密切的关系。它的地点位在半热带上，气候温暖，五风十雨，故土地肥沃，生物繁衍。这是希腊文明的稳固的根底。纪元前八世纪，希腊文明已经相当地发展。当时已有很进步的吟咏史诗，就是今日世间传诵着的《伊利亚特》(*Iliad*)、《奥德赛》(*Odyssey*)等叙事诗。这种文学，相传是当时希腊的盲诗人荷马(Homer)所作。这盲诗人自己弹着当时的乐器里拉[1](Lyra)而歌唱这些诗。可知文学、音乐，在希腊很早就发达。

希腊的地势很特别：小小的山脉，好像叶脉一般分布在全国，把全国隔分为许多小区域。住在各区域中的人民，犹似住在各教室中的学生，各自为一群而励精图治。然而其地三面环海，各教室由海道交通又很便利，并不是完全声气不通的。因了地势特殊的关系，希腊自然地变成“都市国家”。每一区为一都市，希腊全国就

1　里拉，16—17世纪古希腊流行的一种乐器，类似我国的琵琶。

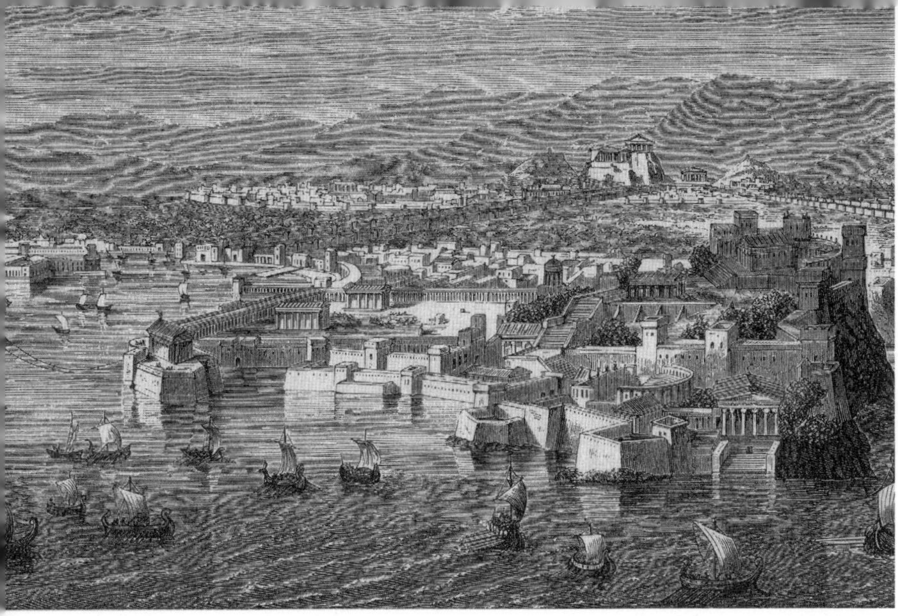

古希腊版画——从爱琴海上远眺雅典卫城

由各都市联合而成。都市国家的民风的特色，是缺乏意志的疏通，而富有竞争的精神。所以各区域好像各小国，对外时联成一家，平日却互相比较、竞争，犹似学生的竞争分数。因此各区文化状态不同。最显著的，雅典人尚文，斯巴达人尚武。这是读过历史的人大家知道的。希腊地下富有良好的大理石，这是希腊建筑精美的一种助力。南国空气透明，使人民富有神性的观念，也是希腊神殿建筑盛行的一个原因。

希腊人的神性观念，与爱国心和艺术思想密切地相联络。这正是“希腊精神”的可贵的特色。所谓“希腊精神”，是一种爱国的自由自治的精神。但他们的爱国，不取自私自利的国家主义的态度，乃用宗教信仰的形式。而他们的宗教信仰，也不取严谨的唯心主义的态度，乃用艺术研究的形式。希腊人的爱国，经过了宗教的“纯化”，与艺术的“美化”，而显示一种非常调和的自由自治的精神。从古以来，国家人民的团结精神，未有盛于希腊者。希腊人视艺术同宗教一样；敬神就是爱国。故国势强盛时，宗教和艺术都发达。全国上下融和,精神与物质一致。自来群众生活的幸福，亦未有盛于希腊者。

希腊人因为爱自由，故艺术为他们的社会生活的必需之物。民众的意识完全是“艺术的”。为了“美”，大家忘怀了自己，把全身精力贡献出来。故自来民众艺术的优秀，亦未有甚于希腊者。希腊全岛自从西历纪元前七百七十六年开始，每四年举行一次国民竞技大会，叫作“奥林匹克游艺会（Olympics）”。这会在名目上是为祭大神 Zeus（宙斯）而开的；其实他们在神前竞技，借以奖励体育，提倡尚武精神。健康美是艺术的基础，尚武精神是爱国的手段。所以在这游艺会里，宗教、艺术和爱国，三位一体地融合着。在这竞技中，体格的健美为优胜的根基。无论男女，第一要修养健康的体格。竞技优胜的人，被照自己的身体雕刻一个裸体像，陈设在会中。裸体雕像就从这时候（前六世纪）开始盛行。在这样的奖励之下,健、美、强、光荣就合并为一物。故英国诗人济慈（Keats）咏奥林匹克的胜利的诗中有这样的句子：

'Tis the eternal law,
The first in beauty should be the first in might;[1]

大意是说："美中第一，即是强中第一。这是永远的法则。"故希腊的艺术中，舞蹈发达得很早。舞蹈是一种很好的全身运动，而又表现出各种的姿态美。如莎翁所说，舞蹈是"四肢的笑"。在四肢的姿态上看来，我们平日行住坐卧，都是死板的，没有什么表情。唯有舞的时候，四肢表出美的姿态，当它一个脸孔看，就好像在笑。希腊人拿四肢的笑来敬神，比较起我们佛教里的膜拜来，更为自由而美丽。可见希腊是天生的艺术的民族。

希腊全国，如前所说，因小山脉的天然界限而区分为许多小邦。其中雅典和斯巴达二邦文化最为优秀。雅典人是属于爱奥尼亚族（Ionia）的，斯巴达人是属于多利亚族（Doria）的。这两族是希腊人中的最优秀分子，而性行显著地各异。爱奥尼亚人尚文，多利亚人尚武。故雅典文艺的昌盛为古今所未有。雅典人信奉其明君伯里克利（Perikles）的话："理想即实行。"故他们所有的美的理想，都结晶在艺术中而表现。他

1　选自英国诗人约翰·济慈（John Keats，1795—1821）创作的未完成诗篇《海披里安》（*Hyperion*），诗篇讲述了被奥林匹斯神击败了的泰坦巨神们试图依靠太阳神海披里安重新崛起的故事。

们的思想，可说是个人主义与国家主义的结合。尚武的斯巴达人，态度就完全和雅典人不同：他们完全是国家中心主义者。男子养到七岁，就要走出家庭，被交托于政府。由政府施以合理的训育，养成一个健全的国民。遇有战争，全国的人一致用他们的健全的身手去御侮。保国先于保身，国亡宁可身死。斯巴达的母亲们当孩子出征时，这样地对他话别："你此去不是持了盾牌归来，必须用盾牌载了你的身体归来。"败归是母亲们所不许的。

这最优秀的二邦之中，雅典文明比斯巴达尤为炽盛。雅典的全盛时代，在于纪元前五世纪。自纪元前四百六十六年至前四百二十八年的四十年间，为雅典全盛期的绝顶点。原因当然是国势的扩张；自纪元前四百九十三年至前四百四十九年之间，希腊与波斯人战，屡获大胜，而大功属于雅典人。文化的全盛就在这大胜之后开始。当时雅典的明主，是大政治家伯里克利[1]。他为纪念优胜，粉饰太平，首先提倡重修雅典守护神之殿。希腊人本来是富于神性的，伯里克利的计划也是因势利导。利用人民的神性来巩固国家。国家的胜利是神的佑护所致，敬神就是爱国。读者或将以为这也是一种愚民政策么？我以为即使是，伯里克利亦无罪。因为他自己也只享受市民一分子的权利，

1 见本书第一讲。

古希腊政治家
伯里克利半身像

与雅典全体市民平等。拿宗教艺术作为收揽群众的心的手段，是真的。为谋群众的幸福而收揽群众的心，正是最善良的向导者的所为。

希腊人很早就有敬神的观念。纪元前五百一十年，希腊出了一个暴君，百姓受其虐害。当时有两个志士，名叫哈莫狄奥斯（Harmodius）与阿里斯托吉顿（Aristogiton）的，仗剑入宫，杀了这暴君，为群众除害。全希腊的人崇敬这两位志士，当时请有名的雕刻家安特诺尔（Antenor）为这两人雕像。像做拔剑奋起之姿，勇武可敬，后代的希腊人就供祀这两个像，奉他们为国土的守护神。希腊国势果然日益强盛。后来波斯王讨希腊，陷雅典。波斯人相信希腊的强盛确是由这两个神像的佑护而来，便把它们夺了去。希腊人也确信他们的强盛乃由神像佑护而来，以为国民不可一日无此像，立刻另雕起两个来奉祀，所以这两个雕刻，相传有新旧二型。后来希腊有名的英主亚历山大帝征波斯，进军的第一目的是夺回两神像。现今这像陈列在意大利那不勒斯的博物馆里；但是新型抑旧型，无从考知了。[1]

希腊人对于神的信仰，向来是这样深挚的。所以伯里克利打了胜仗，做了全希腊的盟主，第一件事是重修以前被波斯人所毁坏的雅典卫城（acropolis）上的

1　该雕像现陈列于意大利那不勒斯国家考古博物馆，名为《刺杀者群像》，又名《诛戮暴君哈莫狄奥斯与阿里斯托吉顿》，是2世纪的古罗马复制品，仿照公元前476（或前477）年雅典人委托克里斯提奥斯（Kritios）和内西奥底（Nesiotes）制作的雕像（即文中的新型雕像）完成。

神殿。

所谓卫城，是雅典市西南方的一个孤丘。形势很特殊：除了西面一个狭小的入口以外，其他三面都是断崖。其地面，南北长五百十四英尺，东西长八百九十一英尺。[1]雅典市本来就建设在这小小的丘上，后来发展起来，移建在丘麓，而以丘为供奉神明之处。纪元前四百八十年，波斯军侵入雅典，毁坏了丘上的神殿。其后，自纪元前四百六十年至前四百三十五年之间，伯里克利大胜波斯，就在这时候发起重修丘上的神殿。

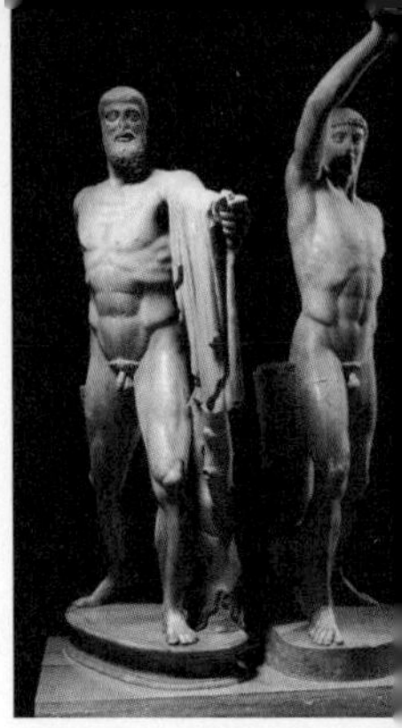

意大利那不勒斯
国家考古博物馆收藏的
《刺杀者群像》
（2世纪的古罗马复制品

丘上共有三处神殿：位在西侧入口处的叫作 Propylon，就是“山门”。位在丘的北面的叫作 Erechtheion，音译为“伊瑞克提翁庙”。位在丘的中央（稍偏右）的叫作 Parthenon，即“帕提侬神庙”，为丘中的主要的建筑，形体最大，工事最精，为守护女神的黄金象牙雕像所供祀的地方。便是本文所讲的主要题材。请看右页上图的雅典卫城全景：这是卫城复旧后的全图。图中有人拾级而上的地方，就是西面的总门。上方最高的一所柱堂（位在中央偏右），便是帕提侬；其左面（即北面）较低而远的一所柱堂，就是伊瑞克提翁。但到了今日，这卫城上的神殿已大部分被毁，只留存残废不全的遗迹了。

1　按照国际单位制实测，雅典卫城占地约 3 公顷，东西长约 280 米，南北最宽约 130 米，高出四周平地 70~80 米。

雅典卫城复原全景（西北面）
（《西洋建筑讲话》插图）

雅典卫城现状全景（西北面）

如前讲所说，埃及的帝王曾令十万工人用二百三十万条二吨半重的石头在二十年间建造高四百八十六英尺的金字塔。希腊人决不会做出这种笨举来的，希腊人对于建筑艺术不在乎“大”，而力求其“精美”。图中所示的帕提侬神庙，高不过七十英尺[1]，然而材料和工作精美之极。自来美术史家称颂之为“人类文化的最高表象”“世界美术的王冠”。读者看了铜版插图，听到这种

1 按照国际单位制实测，帕提侬神庙高 19 米。

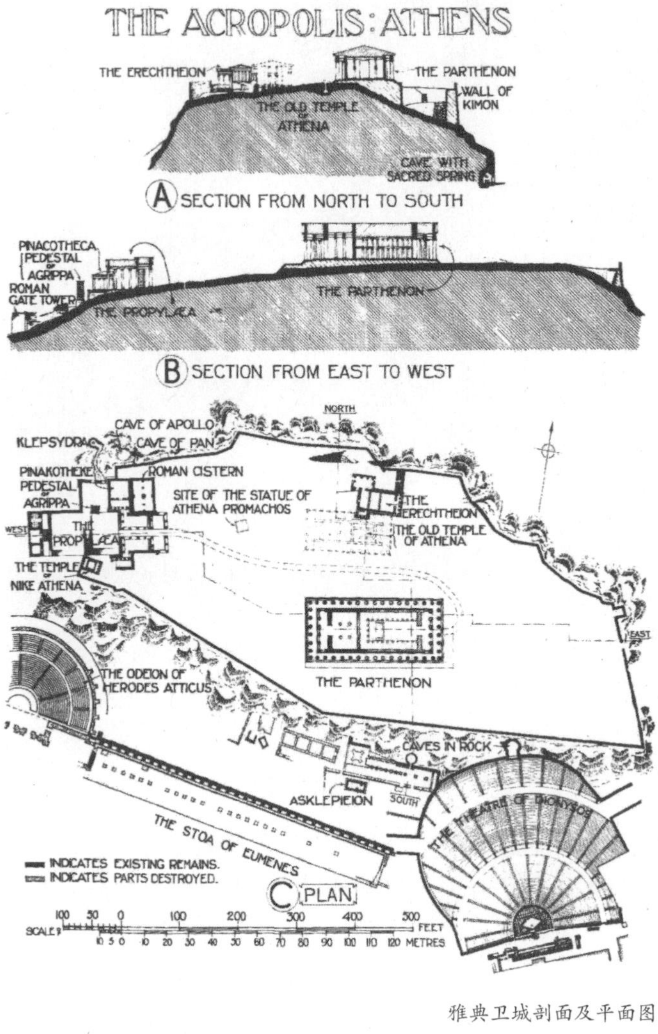
THE ACROPOLIS: ATHENS
THE ERECHTHEION
THE PARTHENON
WALL OF KIMON
THE OLD TEMPLE OF ATHENA
CAVE WITH SACRED SPRING
A SECTION FROM NORTH TO SOUTH
PINACOTHECA
PEDESTAL OF AGRIPPA
ROMAN GATE TOWER
THE PROPYLÆA
THE PARTHENON
B SECTION FROM EAST TO WEST
NORTH
CAVE OF APOLLO
CAVE OF PAN
KLEPSYDRA
PINAKOTHEKE
PEDESTAL OF AGRIPPA
ROMAN CISTERN
SITE OF THE STATUE OF ATHENA PROMACHOS
THE ERECHTHEION
THE OLD TEMPLE OF ATHENA
WEST
THE PROPYLÆA
THE TEMPLE OF NIKE ATHENA
EAST
THE PARTHENON
THE ODEION OF HERODES ATTICUS
CAVES IN ROCK
ASKLEPIEION
SOUTH
THE THEATRE OF DIONYSOS
THE STOA OF EUMENES
INDICATES EXISTING REMAINS.
INDICATES PARTS DESTROYED.
C PLAN
SCALE
FEET
METRES

雅典卫城剖面及平面图

帕提侬神庙遗迹（西面）
（《西洋建筑讲话》插图）

称颂的话，最初一定怀疑美术史家的夸张。因为上图中所示，只是支离残缺的一只破庙，怎么当得起“最高表象”“王冠”的赞辞？不错，图中所示的原是照相缩小了的遗迹图，但当二千四百年前，这遗址上曾经载着世界无比的精美的艺术品。二千四百年来的天力的磨损或人力的摧残，使它变成了图中所示的模样。

这神殿建筑动工于纪元前四百五十四年，前四百三十八年献神，到了前四百零八年而完工。[1] 全部用世间最良的大理石，即所谓“彭特利库斯大理石”建成（雅典北方 Pentelicus 山中所产的大理石，为世界最良者）。殿作长方形，向西。正面和后面各八根柱子，两旁各十七根柱子。内阵还有两排柱，每排六根。中央供着守护雅典的处女神像，即 Athena Parthenon[2]。神像全用黄金和象牙雕成，右手执长枪，左手持盾，和平威严的一种女丈夫相。这像现今陈列在伦敦的大英博物馆的爱琴室中。世界各处的大博物馆中，都有同样的复制品。因为这是名手的雕刻。伯里克利建造这神殿时，聘请有名的雕刻家菲狄亚斯（Phidias，前 500？—前 432）为工事总长，神像雕刻即出于菲氏之手。又请两位有名的建筑家，即伊克梯诺（Ictinus）与卡里克拉特（Callicrates）。

1　此处始建与完工时间有误，帕提侬神庙始建于公元前 447 年，完工于公元前 432 年。
2　中译雅典娜・帕提侬。

希腊神殿构造一例
（《西洋建筑讲话》插图）

大英博物馆藏的
雅典娜复原神像

大理石的殿堂就是他们两人设计建造的。看似只有一排一排的柱子，并无何等巧妙；然而这殿堂全体的姿态，以至各小部分的形状，都是根据希腊人所独得的极进步的美感的要求而精密地构成。以此被称为“世界美术的王冠”“人类文化的最高表象”。现在再举希腊神殿构造的一例，如上图。读者看了这图，已可约略知道这种建筑的精美。现在可把关于这建筑的美术的设计约略地说一说，更使读者知道其精美的所以。

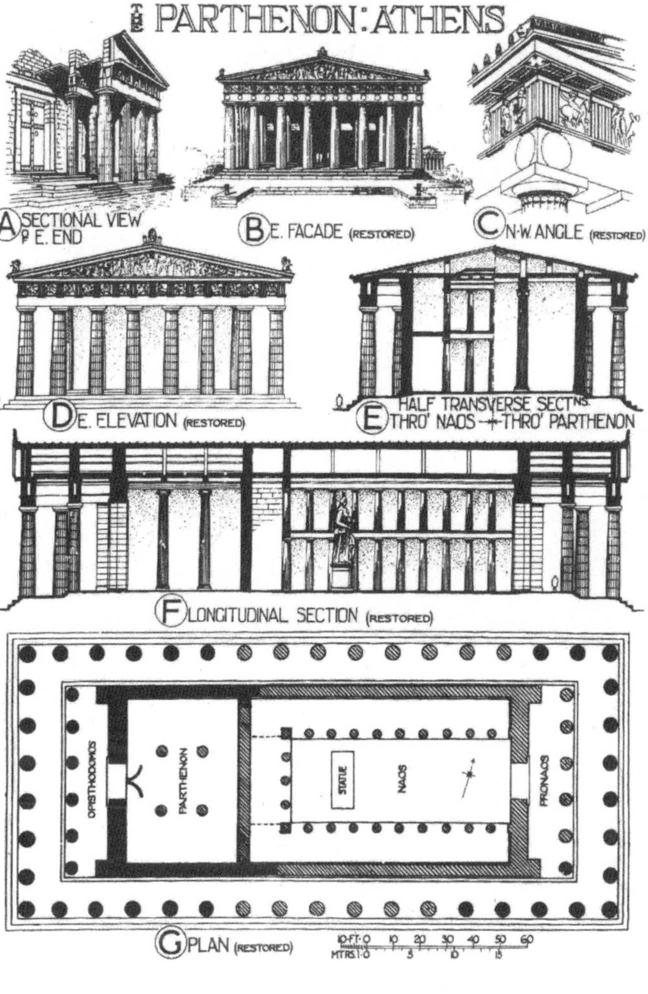

帕提侬神庙平立剖面及透视图

希腊的神殿建筑的式样，称为“楣式建筑”。楣就是屋顶下面的水平的横木。[1]在石造建筑上就是一根横石条。这石条的下面，由许多柱支住，称为“柱列”。柱列为楣式建筑的主要部分。所以楣式建筑的派别，常以柱列的形式为标准而区分。这与埃及的神殿建筑相同。不过埃及神殿的柱不在外面而在里面，希腊则表出之在殿的四围，其殿称为“柱堂”。埃及的殿较大，人走进殿内去礼拜，希腊的柱堂较小，里面仅供神像，拜者都在柱堂外面的空地上。所以希腊的殿，外观非常注重，即柱列的形式非常讲究。

希腊建筑共有三种“柱式”。因为创行于多立克、爱奥尼、科林斯三地方，故称为：

（1）多立克式（Doric order）——健全

（2）爱奥尼式（Ionic order）——典雅

（3）科林斯式（Corinthian order）——华丽

1　即额枋，英文“architrave”由希腊语和拉丁语中的单词“拱券”（arche）和“墙板”（trabs）组合而来，也称楣梁，是柱子上方直接连接且横跨两柱的长条形石料，相当于梁柱结构体系中的过梁。楣梁是西方古典建筑檐部的三个组成元素之一，另两个是雕带（frieze，带有雕刻或无雕刻的水平装饰带）和檐口（cornice，三角楣饰下的突出部分）。

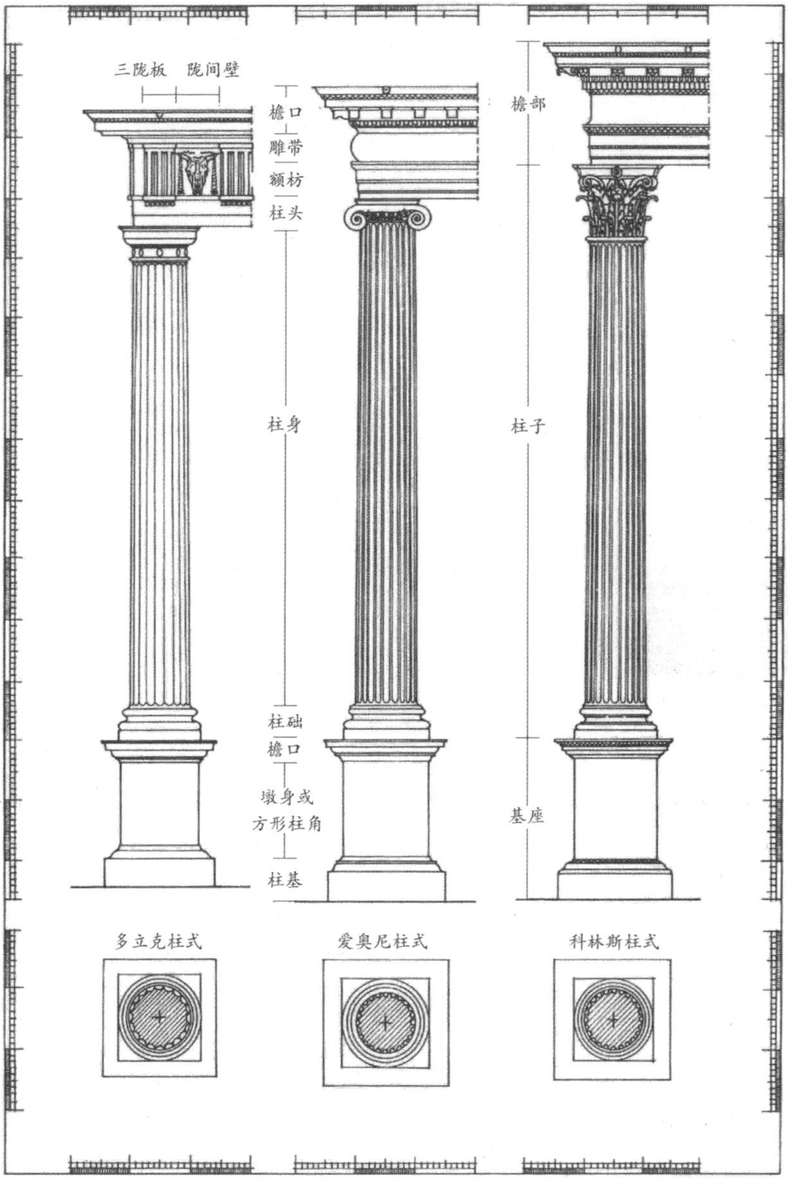

依据古希腊建筑发展形成的古典柱式语言

请看插图这三种柱式，趣味各殊：多立克式的柱粗而矮，柱头简单，柱脚无底盘，全体朴素，坚实而庄重；以安定为本位，故有健全之感。[1]爱奥尼式的柱细长，柱头作涡卷纹样，柱脚有层层的底盘；全体轻快、玲珑而洗练；以趣味为本位，故形式复杂而有典雅之趣。[2]科林斯式的比前者尤加复杂，柱身一样细长，柱脚一样有层层的底盘，而柱头的纹样比前者更为细致，雕着莨菪花（acanthus）的叶子的图案纹样[3]，用以连接柱头和楣，楣上的雕工亦比前者复杂，全体富于华丽之感。这不是完全的希腊建筑样式，乃在希腊趣味中加入后代社会的新趣向而创生，流行的时代亦远在亚历山大帝之后。故三种柱式中，前两者是纯正的希腊风，为希腊全盛期建筑所重用；后者是希腊末期的东西，远不及前两者有价值。因为以植物的叶子的图案作为柱头装饰，这部分有柔弱的感觉，好像不能承受上面的石楣的重量；既不"合理"，又使人起不安定之感。希腊人尊重"合理性"，不欢喜"华丽"。故科林斯柱式不是纯希腊风的建筑形式。

1　在古罗马建筑师维特鲁威的《建筑十书》中解释了多立克柱式的起源。多立克柱式首次出现是在爱奥尼亚的阿波罗神庙中，多利亚人因尚未掌握圆柱的均衡法则，使用男人的脚印长度与圆柱的高度做比较，发现足是身高的六分之一，便将这种比值运用在圆柱上，无论圆柱底径是多少，他们都乘以六，作为圆柱高度（包括柱头在内）。因此，多立克式圆柱就展示出了男性身体的比例、强健与魅力。

2　在《建筑十书》中，爱奥尼柱式首次出现在爱奥尼亚人为狄安娜建造的一座神庙中。为寻求一种新型的外观，他们将这种基于脚印测量的同一比值运用于女性苗条的身材上，并开的身材上，并开始将柱径做成柱高的八分之一，使得圆柱外观更加高挑，并在柱子下部安置了一个磉墩作为柱础，而柱头就像秀发，两边下垂的涡卷如同挽起的发结，前面的刘海处则装饰着线脚与花饰，柱身通体雕刻凹槽，以模仿贵妇的长袍衣褶。爱奥尼式圆柱展示出女性的苗条、华美而匀称。

3　解释科林斯柱式的莨菪纹样的起源时，维特鲁威将其设计归功于雕刻家卡里玛库斯（Callimachus），说卡里玛库斯路过一个科林斯少女的墓碑，看到那里有一个被放在莨菪草根上的篮子，篮子里装着少女生前钟爱的东西，莨菪草根在春季蔓伸出茎叶，顶部由于被篮子上的石板压住，成长为涡卷形的曲线。传说卡里玛库斯受到这一场景的启发而创作了科林斯柱式，从此该柱式就与少女的窈窕姿态和纤细形体联系起来。

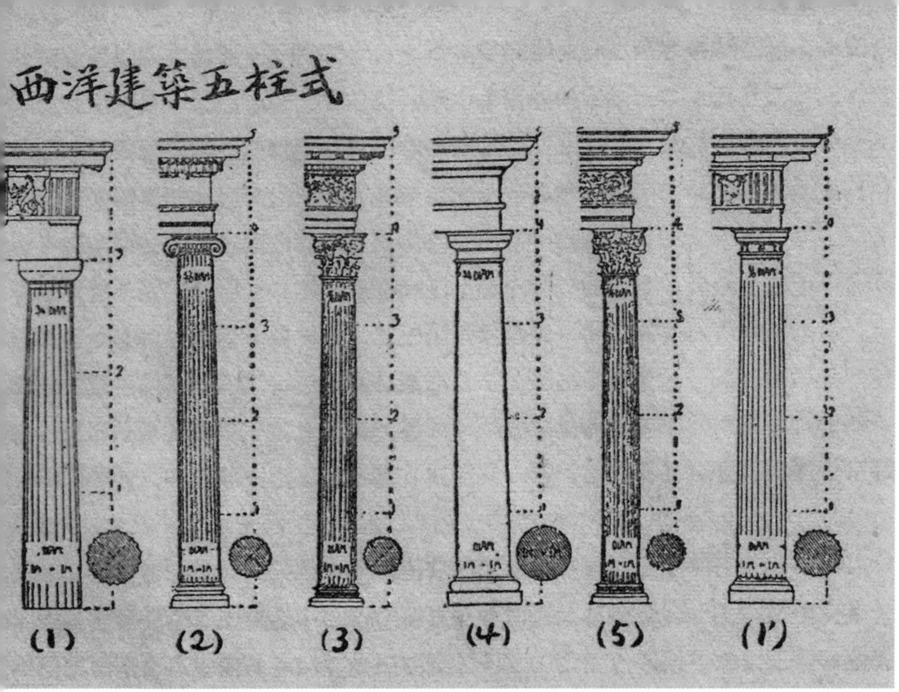

西洋建筑五柱式
（《西洋建筑讲话》插图）

后来意大利人又创造两种柱式，即：

（4）塔司干式（Tuscan order）——似多立克式

（5）混合式（Composite order）——似科林斯式

合前三者，一共五种柱式，称为“西洋建筑的五柱式”。图中最后尚有一种是罗马风的柱，称为罗马多立克式；但无甚特色，只当作多立克式的一种变相。上图是美术史家钱伯斯（Sir W. Chambers）所绘制的。各柱式的长短、广狭及装饰，各自不同，而趣味亦各异。西洋建筑上所用的柱式，大概不外这五种。

话归本题。雅典卫城中的两神殿，取两种柱式：帕提侬取多立克式，伊瑞克提翁取爱奥尼式。但希腊的建筑艺术，不仅讲究了柱式而止。关于帕提侬正殿全体的构成，两位建筑家曾经煞费苦心。他们为求神殿形式的十全的美满与调和，曾用其异常锐敏的视觉，于各部的大小、粗细、弯度及装饰上加以种种精密的研究。其工作名曰“视觉矫正（optical correction）”。今举例说明于下。

前面说过，希腊人是世界上最“艺术的”民族。故希腊人的眼睛的感觉异常灵敏。他们觉得几何学的线，都不正确而且不美观。因为人的眼睛有错觉，绝对的几何的直线，有时看起来不是直的，有伤美观，非矫正不可。这方法叫作“视觉矫正”。用锐敏的视觉观看世间，自然界是十分调和美满的有机体；机械的直线和几何的形体，感觉非常冷酷，毫无生气，简直没有加入大自然中的资格。故在南国的美丽的自然环境中要造一所十分调和美满的建筑，一切几何的形体和线都不中用，非凭视觉的美感去矫正不可。视觉矫正的重要者有五项：

（1）帕提侬的柱列，例如正面八根柱，照我们想起来总是垂直地并列着的。其实这八根柱子只有中央两根垂直，左右两旁的六根都向内倾斜，越近两边而倾斜越甚。实际上照第 065 页图 G 的样子排列着，上小下大，略似金字塔模样。为什么不一概垂直而要像 G 一般排列呢？这八根柱上面载着很重的石楣。在实际上，下面这许多大石柱颇能担当这石楣的分量，毫无危险；但在感觉上，好像柱的担负很重，难于胜任似的。所以你倘把这八根柱照几何的正确而排列，例如同图 E，看起来就变成像 F 的模样：石楣压迫下来，旁边的柱子都被压得向外分开，使人感觉危险，不安心。这是一种错觉。欲矫正这错觉，只有把八根柱子照 G 图排列，上面向内收小些，以抵补错觉的向外分开，于是看起来就觉得八根柱并行垂直，像 E 图一样了。但柱的倾斜之度极微。如 C 图所示，就柱轴而论，全长约三十四英尺的柱，柱轴顶向内倾斜约三英寸。[1]

（2）帕提侬的屋基（base），即柱脚下的基石，照我们想来总是水平的直线；其实却是中部向上凸起的弧线，如 G 图所示，其凸起的程度：殿的前后两面，屋基长一百〇一英尺，正中央比两端凸起三英寸。殿的左右两面，屋基长二百二十七英尺，正中央比两端凸起四英寸。[2] 其下面的阶石三级，也跟了基石做微凸的弧线。但这些弧线的弯度，当然是微乎其微，渐乎其渐，就各部分看来仍是直线。只有从一端向彼端，同木匠司务一般闭住了一只眼睛而探望，才见中部微

1 按照国际单位制实测，帕提侬神庙柱高 10.4 米，柱轴内倾约 7 厘米。

2 按照国际单位制实测，帕提侬神庙台基的东西面长 30.89 米，中央比两端凸起 60 毫米；南北面长 69.54 米，中央比两端凸起 110 毫米。

微凸起。为什么要使中部凸起？也是感觉的关系，因为上方的石楣和石柱压力很重，倘基石用几何的水平直线如E图，你望去会看见F图的模样，基石似被压得向下凹，屋子似将陷落，很不安心的。故必须造成如G图的向上凸，以补足其向下凹的感觉。于是眺望时就看见像E图的正确的水平形了。

（3）帕提侬的柱，不是几何的圆柱形，即两旁不是两根直线，欲用复杂的曲线包成。其曲线上方渐小，而下方渐大，如D图所示。图中下方A’B’为柱下端直径之长，C’D’为上端直径之长。中分三阶段渐渐向上收小。全体没有一段几何的直线，都好像人体上的曲线，有弹力似的。这D图的做法，名曰entasis[1]，即柱体胴部膨胀法。为什么要如此？因为几何的平行直线，看时会发生错觉，好像两端向左右分开，而中央细弱欲断似的，如H图所示。必须像J图中部膨胀，方见两直线正确平行。entasis即根据这种错觉而来的矫正法。柱的上部负着石楣的重量。倘用几何的直线，则中部细弱的错觉使全体建筑物显出危险样子，使看者很不安心。只有entasis法的曲线，好像有生命的活物的肢体，稳妥地承受石楣的重量，使人感觉安定快适。这神殿便似一件天生的活物，完全调和于周围的大自然中。

1　即“卷杀”，源自希腊词汇 ἐντείνω（enteino，意为“拉紧”），最早由维特鲁威在其著作《建筑十书》中使用，指将凸曲线应用于柱身表面，使其端部变窄并稍微向外弯曲，以达到美观或增加强度感的目的。

（4）帕提侬的柱列，不是每相邻两根距离相等的。又全体各部的装饰，也不是像普通图案的带模样一般地距离均匀的。他们根据了观者的视线的仰角的大小而施以种种的长短广狭的变化。故实际上各部大小并不均匀，而映入观者眼中时十分均匀。仰角之理，如 A 图所示：假定我们要在六丈高的壁上横断地划分为均匀的六格，不可用几何的方法把它分为每格一丈（如 A 图中左边上的自 O 至 B）。我们必须使下面的格子小而上面的格子渐渐放大（如 A 图中右方的自 O 至 B）。因为前者映入眼中时，觉得上方的渐小而下方的渐大。故必须把上方的渐次放大，方才看见均匀的状态。试看图中的仰角的视觉线（visual rays）所示，壁上的格子实际上虽大小不均，但投影于眼中时，上面格子渐次缩小，成了与各视觉线相交的弧线（点线）上的状态，即各格距离相等而均匀了。帕提侬神庙各部的尺寸，都根据这仰角之理而加减伸缩，故感觉上十分美满。

（5）帕提侬的柱，不是根根一样粗细的。大概两边上的柱较粗，中部的柱较细。因为凡物衬着明亮的背景时，看起来好像细些；反之，衬着黑暗的背景时，看起来好像粗些。如 B 图中 X 及 Y 所示。这好比一个人，站在野外时看似瘦些，站在门中时看似胖些。帕提侬两边上的柱，以天空为背景；中部的柱，以殿堂的内阵为背景。倘用同样粗细的柱，眺望时必见两边上的柱异常细而中部的柱异常粗，很不美观！故必须把两边上的柱加粗，把中部的柱缩细，以补足这错觉，方才看见各柱一样粗细。柱上面的小间壁（metopes）[1]也不是大小一致的，亦因背景的明暗加减其大小，亦如B图中X与Y所示。

看了以上所述的帕提侬神庙建筑的视觉矫正的五要项，谁不惊叹希腊人的造型美感的异常的灵敏？想象了这殿堂的十全之姿，而反观我们日常所见的所谓建筑，真是草率了事，谈不到“美术”的。想象希腊市民的丰富的美术教养，而反观我们日常所见的人，就觉得他们的眼睛对于形式、气度太过宽大：大小不称，粗细不匀，都漠然不觉；曲了也无妨，歪了也不要紧，只要满足了“实用”的条件，一切形式皆非所计较。气度不是太过宽大么？

话归本题：帕提侬的建筑，除了上述的视觉矫正之外，其他工事的精美尚不可胜言。

柱的表面，都刻着细沟，每柱周围二十沟。沟的作用，一则使柱增加垂直之感，二则希腊地在南欧，日光强烈，光滑的大理石柱面，反映太强，刺激人目使起不快之感，故设细沟以减少反光。

柱的头上，必加曲线（多立克式的也必有一层曲

1　即陇间壁，多立克柱式的雕带通常由三陇板（triglyph）和陇间壁依次交替构成，陇间壁或装饰有浮雕或绘画或未经装饰。帕提侬神庙全部92块陇间壁上的浮雕题材是拉比斯人和半人半马之战以及希腊人与亚马逊人之战，寓意着希腊人战胜波斯帝国。

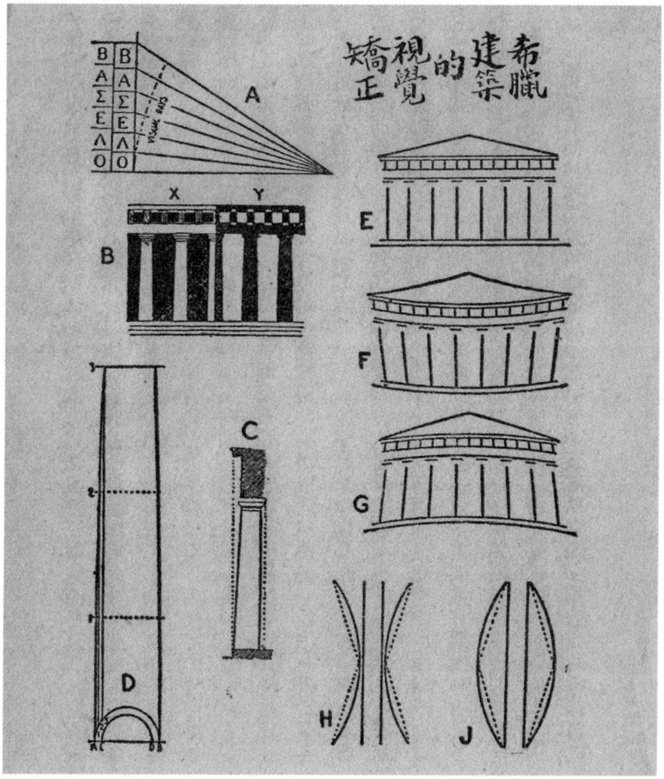

希腊建筑的视觉矫正（《西洋建筑讲话》插图）

A —建筑高处尺寸放大；

B —明暗引起的视差：

　　左边的柱子要比右边的感觉粗壮，

　　檐部也较有力；

C —柱子侧脚，檐部略向内倾；

D —柱子卷杀做法示意；

E —矫正后的效果；

F —未经视觉矫正时的效果；

G —视觉矫正法抬高水平线条；

H —未经视觉矫正时柱子中部有收缩感；

J —视觉矫正法避免中部显细

线），其作用使柱与楣的接合处柔和自然，好似天成；因此柱可减少负重的感觉。

各部石材接合的地方，绝对不用胶（如水泥、石灰等），全用凿工镶合，毫厘不差，天衣无缝。故帕提侬全体好像一套积木玩具。假如有巨人来玩，可以把它全部一块一块地拆开，再一块一块地搭拢来，而且希腊人非常讲究力学，虽然构造上全不用胶，但非常坚牢。试看现今的遗迹的正确，即可确信这神殿倘无人力的破坏，二千四百年来一定完好如初。

总之，希腊神殿建筑的形式美，可谓十全。其中变化非常多样，而全体非常调和统一，可谓“多样统一（variety in unity）”的至例，故美术史家称这神殿为“理想在彭特利库斯大理石上的结晶”，又称之为“人类文化的最高表象”“世界美术的王冠”。

不幸而这世界美术的王冠，纪元之后就被战争所摧残，经过了历次的劫祸，成了破庙的模样。罗马兴，基督教势力侵入希腊时，雅典处女神就被放逐，帕提侬神庙被改用为基督教堂。殿内外所有关于神的描写的浮雕（皆非狄亚斯手作的）都被取除，而在那里改装了血腥气的十字架。东罗马灭亡后，希腊又归属于土耳其。帕提侬又改为回教寺院；除去了十字架，而在四周立起回教建筑的尖塔来。十七世纪时，土耳其

帕提侬神庙齐整而匀称的柱子，
与其他石材的交接柔和自然

御外侮，以这卫城为要塞，以帕提侬为火药库。敌军的炮弹打进殿中，火药爆发起来，殿的中部坠落。这是一千六百四十五年的事。十八世纪末，英国驻土耳其大使埃尔金伯爵（Lord Elgin）惋惜这等古代美术的沦亡，出些钱，向土耳其人买了殿内可移动的一切雕刻，送到伦敦的大英博物馆去保藏。这似是文化掠夺，但也幸亏他拿去，后来希腊独立战争时免得损失。英诗人拜伦（Byron）却埋怨埃尔金。当希腊独立战争时，拜伦因热爱希腊艺术之心，投笔从军，到这残废的帕提侬神庙前来痛哭赋诗，在诗中诅咒拆去浮雕的埃尔金和英国人。

关于帕提侬已经叙述完毕。其北面的伊瑞克提翁，在美术上亦有可观：殿由三部合成。东部为爱奥尼式柱堂。正面六根柱，其北边一根已被英人取去，今仅余五根。柱高二十二英尺，直径二英尺半，[1] 每柱有沟二十四条，柱顶做涡卷纹，形式优美。柱堂内亦供雅典娜守护神。北部也是爱奥尼式柱堂，前面四根，余不明。南部意匠非常特别，叫作女身柱堂。前面的四根柱，和后面两旁的两根柱，皆雕成女子立像的形式。像高七英尺半，立在离地八英尺的大理石基上。[2] 这前后六个女身柱，作对称形；东边的三个各左腿直立而右膝微屈，西边的三个各右腿直立而左膝微屈。西面第二像已被英人取去，现在其原位上补装一模造品。[3] 这建筑不过意匠特殊，艺术的价值远不及帕提侬。这殿堂在君士坦丁大帝时曾被用为纪念堂。后历遭破损。十九世纪中稍稍修葺，大致复旧。

1　按照国际单位制实测，伊瑞克提翁庙柱高 6.583 米，底面直径 0.692 米。

2　按照国际单位制实测，女身柱柱高 2.1 米，柱底距地约 2.5 米。

3　伊瑞克提翁庙现址的女身柱均由仿制品替代。六尊女像柱的原物，现一尊收藏于英国伦敦大英博物馆，其他五尊收藏于希腊雅典卫城博物馆。

帕提侬神庙东侧山花及檐部复原图，山花上的浮雕描述了雅典娜诞生的故事，陇间壁上的浮雕表现了当时的泛雅典娜节游行队伍

大英博物馆收藏的帕提侬神庙东侧陇间壁上的大理石浮雕

伊瑞克提翁神庙女身柱堂

丰子恺西洋建筑六讲

FENG TSE-KAI's Six Lectures on Western Architecture

第四讲 寺的艺术

西洋的建筑史，可说有大半部是关于寺院建筑的。自四世纪至十七世纪的千余年间，建筑家所研究的题目老是寺院。故寺的艺术，详细地说起来，“洋装一厚册”也说不尽。现在我只谈谈此种艺术的来由、概况和几个著例。

殿与寺的区别，前者是以住神（神像）为主的，后者是以住人（教徒）为主的，前者是所谓“异教时代”的宗教建筑，后者是基督教时代的宗教建筑。异教，就是异于基督教的宗教，像埃及的崇奉自然神，希腊崇奉守护神，在基督教看来都是异教。而基督教算是正教。

基督教的成为正教，始于西历纪元三百一十三年。基督教徒在以前一直受罗马人虐杀，后来他们帮君士坦丁大帝杀敌，获大胜利。大帝就在三百一十三年下“基督教徒保护令”。基督教徒感激之余，帮他夺江山愈加出力，终于使他在纪元三百二十三年上统一东西罗马，获得了绝对的支配权。这一年他又下令，定基督教为“国教”。[1]这两个令非同小可！千余年间政治和宗教的葛藤，艺术和宗教的纠缠，皆从这时候开始。这可说是文化史上的一大转机。

1 基督教被定为罗马帝国国教的时间应为 380 年。

基督教徒在被虐杀的时代，设礼拜堂于地窑中，名之曰“卡塔可姆(catacomb)”即地下礼拜堂。到基督教被钦定为国教之后，就在地上建筑寺院,名之曰“巴西利卡(basilica)”即地上礼拜堂。这是最初的寺院建筑，重在实用而忽略形式。六世纪以后基督教逐渐得势起来，这种寺院建筑的形式也逐渐进步起来，成为华丽的“拜占庭式(Byzantine)”与庄重的“罗马式(Romanesque)”，到了十三世纪的教权全盛时代，寺院建筑也极度地艺术化，成为锦绣的森林似的“哥特式(Gothic)”。十六世纪后，商业都市兴，复古运动盛，宗教势力开始衰落，寺院建筑也渐渐疏远宗教而取古典美的形式，成为“复兴式”。至十七世纪而寺院建筑告终，转入宫室建筑的时代。自来艺术常被政治、宗教、社会运动所利用，巧妙地为它们做宣传。建筑因为是“实用艺术”，被利用得更加密切。政治、宗教、艺术三者，在寺院建筑中具象地联结着，给我们以种种回顾的兴味。现在把上述的经过略加说明如下。

一　地下礼拜堂

这种寺院的出发点，是地窖。当四世纪以前，罗马人疾视基督教，不许他们在地上建立礼拜堂，又屡次虐杀教徒，或令他们当奴隶，或把他们驱逐出境，甚或把反抗命令的教徒的身体用油脂涂裹，当作大蜡烛燃烧，以照明他们的狂欢的歌舞宴会，然而教徒的信仰心益坚。不许在地上建寺，他们就在地下设立机关，开一地窖，当作秘密集会之所。这就是所谓“地下礼拜堂(catacomb)”[1]。我国春秋时代的郑庄公对他的生母说了一句“不及黄泉，无相见也”，后来懊悔起来，为维持王者的言语的尊严，曾经“掘

1　意为“墓穴之间(among the tombs)”，是人造的地下通道，主要用于宗教目的，特别是墓葬。由于古罗马禁止在城内墓葬，而且早期的基督徒不赞同异教徒火化死者的习俗，因此建于城外的公共地下墓地提供了一种切实可行的替代方案。基督徒常在其中为基督教殉道者举行纪念仪式和圣餐会。

地及泉”，和他的母亲在隧道里相见。[1]西洋初期基督教徒的营造地下礼拜堂，和这件东洋历史上的故事大致相类，不过前者是主动的，后者是被迫的。这些地下礼拜堂的壁上，凿着许多龛。他们把被虐杀的信徒的尸体或骨片供养在龛中，而在那里虔敬地祈祷。龛的里面雕刻着种种教义的表号。例如草蔓、果实、花卉、小羊、鸠、小船等，各表示着一种宗教的意义。这些地窖，便是他年的锦绣的森林似的大寺院的胚胎。

二　地上礼拜堂

君士坦丁大帝教徒护令一下，基督教徒重见天日，就开始堂皇地在地上建筑寺院。这就叫作“地上礼拜堂（basilica）[2]”。这是寺院建筑的萌芽。形式朴质，以实用为本位。基督教徒受了长年的压迫之后，一朝得势，便毁坏异教的神殿，拿他们的石材来改建基督教寺院。这种寺院的建筑法，与异教的神殿（例如希腊罗马的神殿）不同。异教的神殿以供神像为目的，拜祷的人都在殿外，故神殿不需顾到住人的“实用”，可以自由地讲求美的效果，造成精巧玲珑的像帕提侬（见前讲）的殿堂。现在的基督教寺院目的就和它们不同。他们是为了人而造的，为了教徒做礼拜而造的。这些寺院建筑含有救济众生的使命，仿佛是教徒的集

1　出自《左传》中的《郑伯克段于鄢》一文。

2　译为“巴西利卡”，是古罗马时期用作法庭、商业贸易场所或会场的厅堂类建筑。古罗马晚期，基督教公开以后，信众和教会依照传统的巴西利卡的样子建造教堂。这种建筑容量大、结构简单，后来成为基督教堂的基本形式。

古罗马地下墓穴版画

会所，是地上的天国。其造法当然以实用为本位。因此这种建筑，完全反对向来的罗马神殿的样式，却以罗马的 basilica 为范本。所谓 basilica 是一种公共集会处。皇帝的公厅、法庭、市场、民众的会所，都包含在这建筑里面。其地基一律取长方形，一方的短边的正中开着大门，其对方的短边的正中设着龛。龛的前面设一小小祭坛。其余长方形的广场中全部是教徒祈祷、众生礼拜的地方。故 basilica 在罗马时代原是"裁判所"的意义，到了基督教时代就变成了寺院。外形相似，名称相仍，而作用不同。只是内部构造稍异：东西向的长方建筑物中，外面设一正方形的回廊，于其中央设泉水。里面的广间有两排或四排的柱列，纵断地把这广间区划为三个或五个的细长广间，中央的一间比两旁的稍广，且高。祭坛就设在这中央广间的里面。像罗马的 St. Maria Maggiore 教堂[1]，便是 basilica 的遗构的一例。

这 basilica 是寺院建筑的基本形式。基督教文化渐次发展，寺院建筑形式亦渐次复杂变化；但这基本形式始终不改。

三　拜占庭式

君士坦丁大帝统一罗马后，即迁都于东部拜占庭（Byzantium）[2]，这种寺院建筑的基本形式跟了他东渐。后采建筑法渐次进步，形式大加华丽，建筑史上称之为"拜占庭式"，为寺院建筑的一种特殊的风格。[3]其地的圣索菲亚（St. Sophia）大教堂便是一个代表（见第 078 页图），现在还

1　即圣玛丽亚·马焦雷教堂，又称"圣母大殿"。建于 5 世纪，位于意大利罗马，是天主教会的四座特级宗座圣殿之一。

2　即今天土耳其的伊斯坦布尔，公元前 7 世纪，古希腊人在此建立殖民地，称其为"拜占庭城"。4 世纪，罗马帝国西部的经济严重衰退，330 年，君士坦丁大帝为适应统治的需要，将首都从罗马迁至依然繁荣的东部的中心拜占庭，并将它改名为君士坦丁堡。395 年，罗马帝国分裂为东西两部，东罗马以君士坦丁堡为首都，后人称其为"拜占庭帝国"。

3　拜占庭式建筑的代表是东正教教堂，它的主要成就是创造了把穹顶支承在 4 个或更多的独立支柱上的结构方法和相应的集中式建筑形制。集中式形制的教堂由于内部空间的向心性和圣坛与信众的接近，适合于东正教的要求，且具有宏伟的纪念性，因此在信仰正教的东欧广泛流行。

圣玛丽亚 · 马焦雷教堂内部

圣玛丽亚 · 马焦雷
教堂南立面

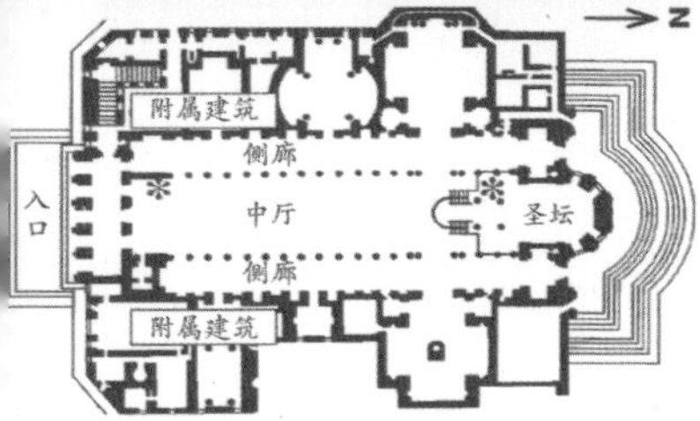

圣玛丽亚 · 马焦雷
教堂平面图

完好地立在君士坦丁堡（大帝迁都拜占庭后，改称其地名为君士坦丁堡），这是大帝祀奉全能神而建设的。后经火灾，重建，完工于五百三十七年。其天井高一百八十六英尺[1]，全体涂纯金，内有金银七彩的大理石嵌细工（mosaic）[2]，东方艺术的风趣极为浓重。同地同风的建筑非常发达，自成一种文化，称为“拜占庭艺术”。一千四百五十三年，此古都为土耳其所灭，这种文化散布各地。

basilica 的寺院基本形式流传到西方，又展出一种

1 按照国际单位制实测，圣索菲亚大教堂的大穹隆顶点距室内地面约 54.8 米。

2 即马赛克壁画，是用半透明的小块彩色玻璃镶成的。马赛克壁画在古希腊的晚期曾在地中海东部广泛流行，在古罗马时期得到空前发展。拜占庭的马赛克就参照了埃及北海岸希腊化的亚历山大里亚城（Alexandria）的作品。此时，大量基督教堂开始使用马赛克来美化，使用的色彩更加丰富，甚至运用了大量的金箔，这是马赛克发展的巅峰时期。

圣索菲亚大教堂（《西洋建筑讲话》插图）

圣索菲亚大教堂内部

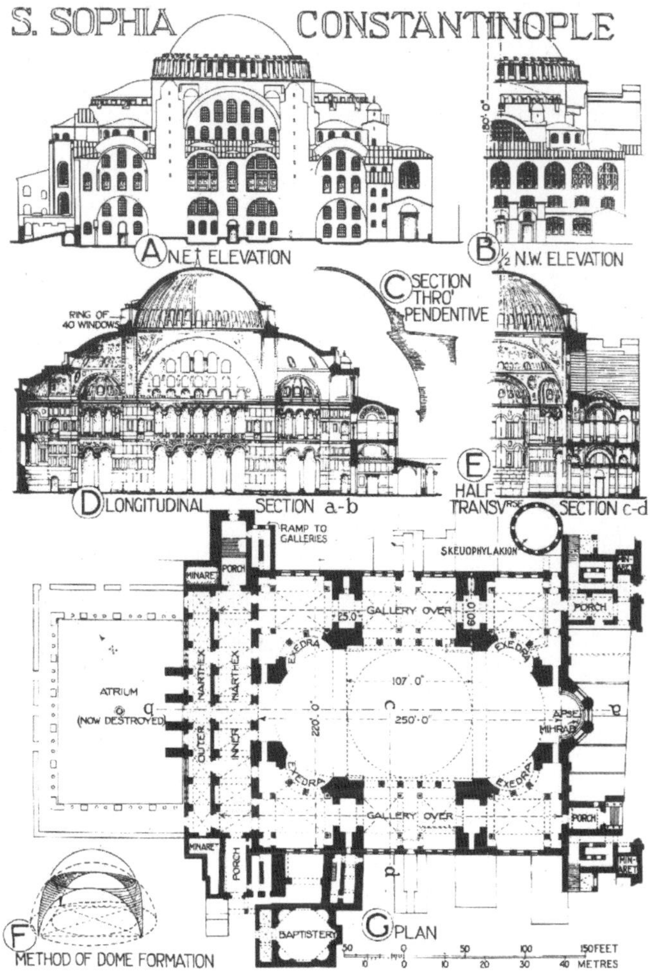

圣索菲亚大教堂平立剖面图

新形式，称为“罗马风（Romanesque）”。这种样式比前者更为新颖而健全，流传的地方也比前者更广。基督教寺院的建筑形式到这时候才确立。九世纪开头，即纪元八百年，查理大帝在罗马的圣彼得大教堂中举行戴冠式，为基督教文化史上的第二大转机。[1]基督教文化中的有力的代表者的寺院建筑，在这时候开始脱离了古典的残骸而创造新的北欧的样式。

四　罗马风

最初这 Romanesque 式发展于意大利，次流传于德国和法国，到了十二世纪而盛行于全欧。这是罗马主义向北方的进展。这种建筑形式，庄重而典丽。外形上的显著的特色，是拱券（arch）[2]形式的改变。向来的寺院用纯罗马风的半圆形 arch。自十字军东征，沟通东西文化后，东洋风的三叶形、马蹄形的 arch 渐被巧妙地应用在寺院建筑上，就成为罗马形式（后来的哥特式 Gothic 所盛用的尖头 arch，便是从这里出发的）。有名的比萨（Pisa）主教堂、洗礼堂及斜塔（Campanile）便是属于这样式的建筑。翻过美术史的人，大概不会忘记了这奇怪的斜塔。这塔所属的本寺建于十一世纪末，以 basilica 式为基本，加以拜占庭风的构造，和东洋风的装饰。十二世纪中，又在其旁建洗礼堂和斜

1　此戴冠式意味着查理成为古罗马帝国的继承人和基督教世界的保护者，从此奠定了教廷与王廷对西欧进行教俗双重统治的体制，即文中所说的“基督教文化史上的第二大转机”。第一大转机指基督教在罗马帝国获得合法地位并成为国教。

2　拱券是由块状料（砖、石、土坯）砌成的跨空砌体，是拱和券的合称。拱券的历史可以追溯到公元前 4000 年，在古罗马时代最发达，长久失传之后直到 10 世纪起，从意大利北部传入莱茵河流域，后传遍西欧。于是人们便把 10 世纪之后的建筑称为罗马风建筑。

塔。洗礼堂取圆形的基地，全部用大理石建造，形式简明而新颖。斜塔为七层的圆筒形塔，顶上又有小圆塔，其倾斜幅有十三英尺之大，望去好像要倒下来似的。[1]这倾斜的原因，一说是故意如此的，又一说是工事中地盘沉落而使然的，不可确知其究竟。寺、堂和塔，形式都庄重而有艺术的统一，为罗马风的佳作。这寺的图，在他处很容易看到，这里不必附加。罗马式寺院的形式所异于前时代的建筑者，有三要点：第一，基督教勃兴，教会制度复杂，参加祭礼的僧侣人数大增。在寺院建筑上就有扩大僧侣住处的必要，故寺院的基地向来为丁字形，到了罗马风扩充而变为十字形。第二，因为地盘广大了，构造自然也变化。向来寺的上面盖以简素的天花板，现在改用拱券式，相交叉的半圆形的梁的末端，安置在强固的支柱上，稳固而又活跃，富有“崇高”的趣味。崇高是与宗教精神相合，为寺院建筑的最适当的形式。寺院建筑经过了这改革而始有艺术的统一。第三，是在建筑的外形也施以美的统一。向来的 basilica，因为专重实用，只讲究内部的布置，而忽略其外观，罗马风则在外观上求艺术的统一。其法就是添造高塔。塔是罗马风的最显著的特色。凡寺院，必于本寺之旁添筑高塔，作为本寺的一部分。其作用是用这高耸的形状来笼罩全体，使全部建筑集中

1 按照国际单位制实测，斜塔直径约 16 米，高 55 米，完工时，塔顶已偏离垂线中心 2.1 米，2010 年时倾斜角度为 3.97 度，偏离垂直线 3.9 米。2023 年，斜塔已被“扶正”约 46 厘米，倾斜度恢复到 19 世纪初水平。

于一点。向来的寺院远望平坦，与普通房屋无甚大异，缺乏宗教的感觉，有了这塔，远望全景，优秀玲珑，外观上就不觉其为实用的建筑，而呈纪念建筑的模样。塔的个数不止于一，有的用三塔，有的用五塔，有的用七塔。

上述之点，为罗马风建筑的特色。其中拱券与塔两者，尤为其艺术的统一的要素。拱券向上隆起，使内部增加崇高之感。塔是指天的，使外部增加崇高之感。寺院的内容与形式，至此开始做有机的统一。寺院从实用本位的 basilica 出发，到了 Romanesque 而艺术化。再进一步，艺术比实用更注重时，就产生哥特式。这是基督教权全盛期的产物，可说是寺的艺术的登峰造极。

比萨主教堂建筑群版画

比萨斜塔平立剖面图
及教堂建筑群总平面图

比萨主教堂建筑群鸟瞰

五　哥特式

十三世纪中，教王权势强盛。文化中心由罗马移向北欧。就在那里产生一种象征全盛的教权的寺院建筑样式，即哥特式。

哥特（Goth）是蹂躏罗马的一种野蛮民族的名称。其艺术富有一种夷狄的风趣。哥特式寺院建筑就是利用这种夷狄的风趣，为宗教艺术别开生面的。[1] 其特色如何？一言以蔽之，曰“高”。然而这高与现代商业大都市的高层建筑的高不同。前者向天，后者着地。即寺院建筑高而尖，有向上超升之感；商业建筑高而平，有着地堆积之感。故几十上百层的摩天阁在实际上虽然比哥特式的寺院高得多，但在感觉上层层堆积，沉重地叠置在基地上，似觉基地不胜其重而行将陷落似的；却并无崇高的感觉。反之，哥特式的寺院实际上虽不及现今的摩天阁之高，然形似一簇怒放的春花，好像拼命地想从地上抽发出来，而向天空生长。又好像一团火焰，势将上冲霄汉似的。试看下面两图，所示德国的科隆大教堂（Cologne Cathedral）！——这是哥特式建筑的最大作，也是寺的艺术的代表作。所谓“锦绣的森林”，在右页这两图中可以看见。

1 “哥特式”这一术语由意大利文艺复兴时期的艺术家首先提出，他们用“蛮族”哥特人的名称来称呼中世纪的尖拱建筑，揶揄它野蛮怪诞。随着19世纪浪漫主义的兴起，“哥特式”的外延从特定的建筑扩展到同一风格的雕塑和绘画等艺术领域。

科隆大教堂及其内部
(《西洋建筑讲话》插图)

这种建筑形式，于十二世纪时萌芽于法兰西，十三至十五世纪之间，风行于全欧。不但寺院建筑上用之，一般的建物，如城郭、裁判所、会堂、学校、病院、邸宅，也都受这种样式的影响。这样式的特色是崇高而秀丽，形成这种特色的要素，是柱和尖头拱券二事。为求增加垂直的效果，不用一根一根的粗柱，改用一束一束的细柱。又在屋顶上加尖高塔，使柱束上的许多垂直线因尖高塔的引伸而向天延长，至于无穷尽之境。柱束与柱束之间，不用壁而用尖头拱券形的窗。壁有板滞之感，足以减却上向之势，尖头窗则可增加秀丽与崇高之感。寺的内部，无数的尖头拱券交互错综于上，仰望时似觉身在大森林中，全无屋顶压迫之感。总之，哥特式建筑全部没有墙壁，只有细柱、尖窗和尖塔。几乎没有水平线，全体由垂直线构成。

从罗马式中抽出“高”的一种特色而扩张之，即成哥特式，寺院建筑由朴素的地上礼拜堂进步而为华丽的拜占庭式，更进步而为端庄的罗马式，又进步而为锦绣的森林的哥特式，宗教建筑的发展就达于极点。这种极度发展的寺院建筑，其结构的复杂，规模的壮大，可说是建筑史上的一大伟观！这种式样的杰作，多在北欧。法国的兰斯大教堂（Reims Cathedral），巴黎圣母院（Notre Dame de Paris），英国的威斯敏斯特教堂

教堂内部透视

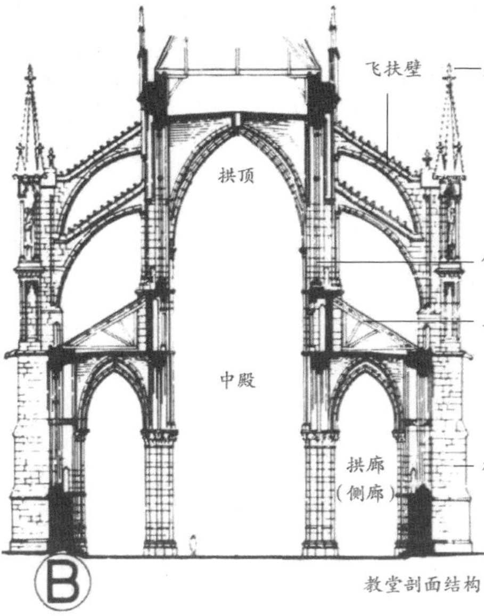

教堂剖面结构

中殿侧面

哥特式教堂典型范式

（Westminster Abbey），皆是其例。而德国的科隆大教堂尤为哥特式中的模范。这寺奠基于一千二百四十八年，直至一千八百八十年而始完成，工事期间历六世纪之久，其工作之困难盖可想见。当时各国有专门研究这种极度向上的建筑法的集团，名曰 Bauhütten（石工研究会）[1]，精研"高"的建筑技术，试行种种危险的构成。他们要表现宗教的神秘相，要把宗教的精神翻译为视觉的形态，要把抽象的观念用形体来表现，于是否定了石材的力学的性质，极度地使用结构的技法。科隆大教堂是冒险尝试而成功的一例。在意大利北部地方，有因过于冒险，遭逢失败，而中途停工的寺院建筑。唯米兰（Milan）大教堂为哥特式中冒险成功的第二例。如右页图所示。原来意大利是个性很强的国家，当哥特式盛行全欧时，意大利南部坚守向来的传统，拒绝北欧的建筑潮流，只有北部有哥特式流入。而米兰大教堂为一种奇迹的成功。细看这寺院建筑的形式，可知其与前揭的科伦大教堂大同小异。这是北欧的大势与意大利的传统的合并的式样，是南北两派的混血儿，可为建筑史上的一件特殊的纪念物。故其建筑工事曾经长年地讨论和争执，方才确定这般的形式。北欧的哥特式建筑一味求高，缺乏稳重安定之感。意大利的哥特式能在稳妥的基础上求高，较可避免这

1 Bauhütten 是欧洲哥特式大教堂的建造工作室协会。石工研究会可能指 Steinmetzbruderschaft，它将各地的 Bauhütten 中的石匠大师和石匠熟练工进行跨区域组织。

个缺陷。这寺全部用白色大理石为材料，在薄暮或晚间，能给人以神秘的、空想的印象。据传说，这寺是意大利人为欲与北方的阿尔卑斯山争高而建造的。

米兰大教堂（《西洋建筑讲话》插图）

入了十六世纪，哥特式建筑为了冒险地求高，终于陷入自灭的运命。同时基督教势力也为了极度地扩张，达到了衰沉的时期。世间一切文化相关联，政治、宗教、艺术，互相牵制而展进着，不可分离。哥特式为了无视建筑构成的约束而一味贪高，以至于自灭。中世的封建制和教会权和它同时没落，大概也是为了无视社会构成的约束而一味地贪高的缘故吧？

米兰大教堂版画

兰斯大教堂版画

科隆大教堂版画

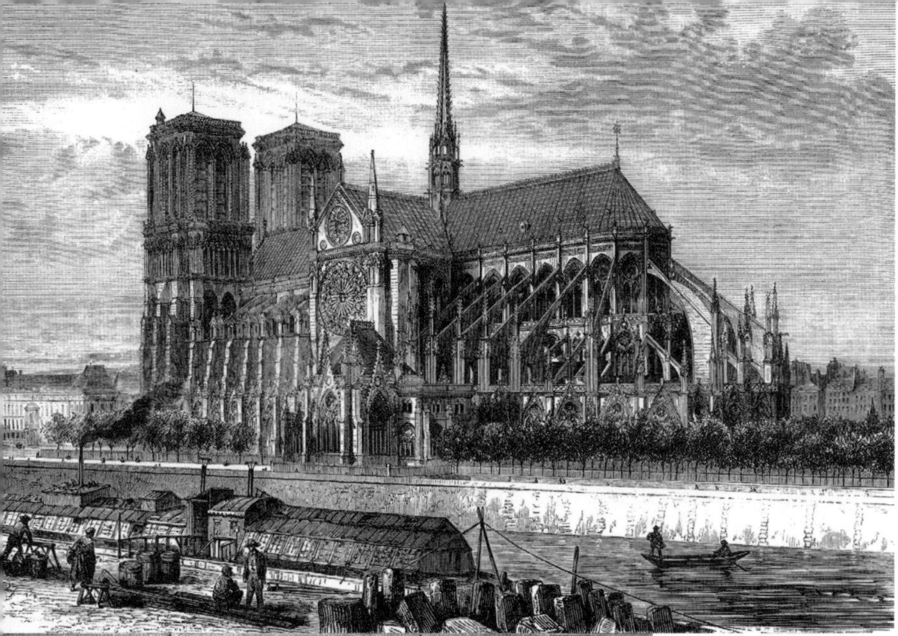

巴黎圣母院版画

威斯敏斯特教堂版画

六　复兴式

十六世纪初，意大利商业都市勃兴，教会与封建制度所培育的中世文化骤衰。此后的近世文化以意大利为中心而展开。寺院建筑又换了一种新的样式而出现。这样式称为“复兴式”。这正是“文艺复兴（Renaissance）”的时代。

前已说过，意大利在艺术上是一个个性强顽的国家。当哥特式艺术潮流澎湃于北欧时，意大利除了北部几处地方外，不受这潮流的影响。北欧竞建那锦绣似的森林，意大利人管自营造以古代 basilica 为基础的寺院，到了哥特式没落的时候，他们就从古典中探求美的要素，而独创新的样式。这种新样式的主要的特色，是脱却了从来的宗教的夸张的习气，而求纯美的造型的表现。换言之，寺院建筑从古代神殿出发，经过了中世的教会化，现在复归于神殿。在地点上也是如此：寺院建筑由意大利萌芽，发展于全欧，现在仍归于意大利。故意大利可说是寺院的本宅，艺术的故乡。

复兴式寺院的特点有三：第一，不求高而求美；第二，不求华丽而求调和；第三，注重作家的个性。故向来建筑工事委托于多数人，现在则委托于一个人，由这个人充分发挥他的个性，创造特独的形式。[1] 这三

1　文艺复兴时期诞生了现代意义上的建筑师职业，有别于中世纪的行会工匠，这些知识分子化的建筑师致力于研究古代的建筑遗迹和著作，总结实践经验，对建筑学本身进行了系统的研究，探讨了各种构图原理，考察了柱式及其组合的数学关系，促成了建筑学术的高潮。同时，他们在设计中突出个性，创造了新的建筑形制、新的空间组合、新的艺术形式和手法，在结构和施工上都有很大的进步，创造了西欧建筑史的新高峰，并且为以后几个世纪的建筑发展开辟了广阔道路。

点，是文艺复兴时代一切艺术共通的特色。

为了获得第一第二两特点，复兴式建筑盛用大穹隆。穹隆原是古代罗马建筑上所盛用的形式。建物上部加了一个半圆形的穹隆，好似一个人张着一把伞，人的地位愈加稳定，全景的中心点愈加显明，而曲线直线的对照愈加优美。塔也有使全景中心点显明的作用；然而塔势指天，有把建物从地中抽拔出来上升于天的意趣，使建物本身缺乏稳重安定之感。哥特式的缺陷主在于此。穹隆则不然，其本身作天空形状，覆盖建筑物，使全体自成一天地。故复兴式建筑的最重大的研究，是穹隆的曲线。现在揭示世界最大的寺院穹隆，如第 095 页图。这是罗马圣彼得大教堂的大穹隆（St. Peter's Dome），其作者不止一人，完成者是当时大建筑家伯拉孟特[1]（Bramante，1444—1514）与米开朗琪罗（Michelangelo，1475—1564）等。

圣彼得大教堂，是世界无二的大伽蓝，欧洲人称之为“罗马的宝冠”。这寺并非全部在文艺复兴期造成，其由来甚久，差不多与基督教的确立同时诞生。[2] 屡经修整及改造，到了伯拉孟特等的手中而大成。[3] 现在把它的来由和情状略加叙述，以结束我的讲话。

据传说，这寺是君士坦丁大帝治世所建立的。开工的时候，大帝曾经亲自拿锄头在基地上掘起最初的一块土。这基地，原是古代罗马的竞技场[4]。当基督教布教时代，教徒就在这里被罗马人虐杀。那班殉难者或被猛兽裂食，或被全身涂油焚烧，备极惨酷。圣彼得就在这地基上受磔刑。因此基督教徒保护令下之后，这里就成了圣地。圣彼得的墓就筑在这圣地上。圣彼得大教堂就建在他的墓上。大穹隆的下面，正是受磔刑的圣徒永眠的地方。

1　伯拉孟特是盛期文艺复兴建筑的奠基人，他是画家出身，早期在米兰从事建筑工作，和达·芬奇相熟，1499 年到罗马后，受文艺复兴思潮鼓舞，刻苦向古罗马遗迹学习。作为教廷的御用建筑师，他的设计追求庄严宏伟、刚健有力，他设计的坦比哀多成为文艺复兴盛期建筑的第一个代表，他还参与了圣彼得大教堂的设计工作和梵蒂冈宫的改建工作。

2　旧圣彼得大教堂于 318—322 年间开始建造，历时三十年建成。

3　目前的圣彼得大教堂，是在 4 世纪的旧圣彼得大教堂的基础上改建而成，由伯拉孟特设计重建，始建于 1506 年 4 月 18 日，完成于 1626 年 11 月 18 日。

4　即尼禄竞技场（Circus of Nero），该建筑由君士坦丁大帝资助，为拉丁十字形状的巴西利卡式建筑，竞技场唯一遗迹是曾矗立在中心的埃及方尖碑，后被迁入圣彼得广场。

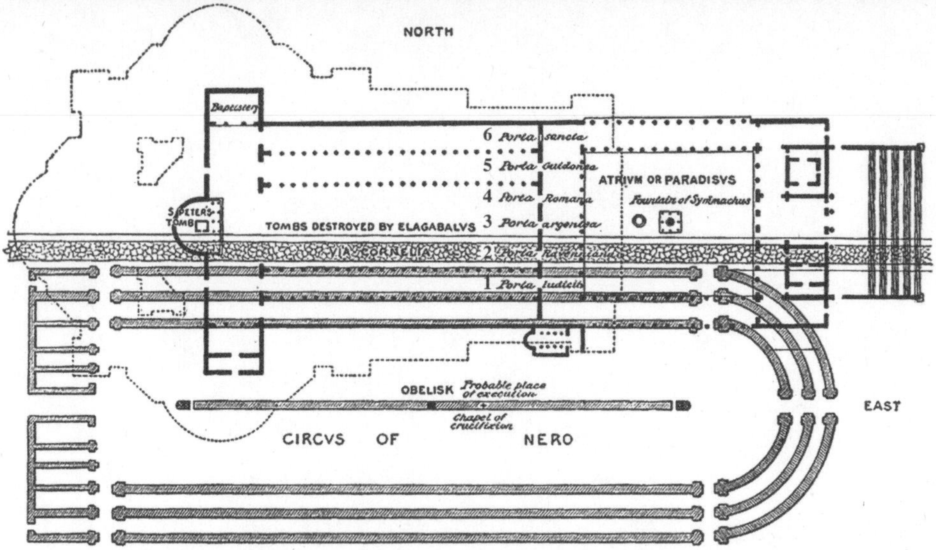

竞技场和旧圣彼得大教堂的叠图

这寺的规模非常伟大。穹隆的外面，有一个椭圆形的壮丽的大柱廊，把圣地与俗地隔分。柱廊内的圆形地盘之大，据说可以容纳全世界的基督教信徒。椭圆形的两焦点上，设两个喷水池，水带不断地在空中描出彩虹的模样。身入其境，眼光自然集中于里面的大穹隆。向穹隆前进，入寺门，有华丽的前廊。廊内挂着沉重地下垂的皮帐。拨开皮帐，走进里面的广堂。堂用杂色大理石构成，饰以金色。穹隆下面有华丽的天盖，天盖下面就是圣彼得之墓。这天盖是名建筑家贝尼尼（Bernini）所造，全部用青铜为材料，高百英尺。[1] 其形式仿耶路撒冷的神殿，四根铜柱作螺旋形，备极豪华。天盖下的圣彼得的墓上，点着数百盏幽暗的油灯，永年不灭。天盖的里面，有圣彼得的雕像和玉座，金色灿烂，神圣无比。堂的四周充满着历代名家的雕刻。堂内参拜者络绎不绝。时有妇女把娇小的婴孩抱向圣彼得铜像的下面，教他和圣像的足趾亲吻。又有伛偻的老妇俯着首站立在圣像下面，用各种国语陈述她们的虔敬的祈祷。宗教的神秘的气象充满在这大广堂中。

1 按照国际单位制实测，大穹隆顶内部顶高 123.4 米，外部顶点离地面 137.8 米。

圣彼得大教堂的穹隆
(《西洋建筑讲话》插图)

圣彼得大教堂剖面图

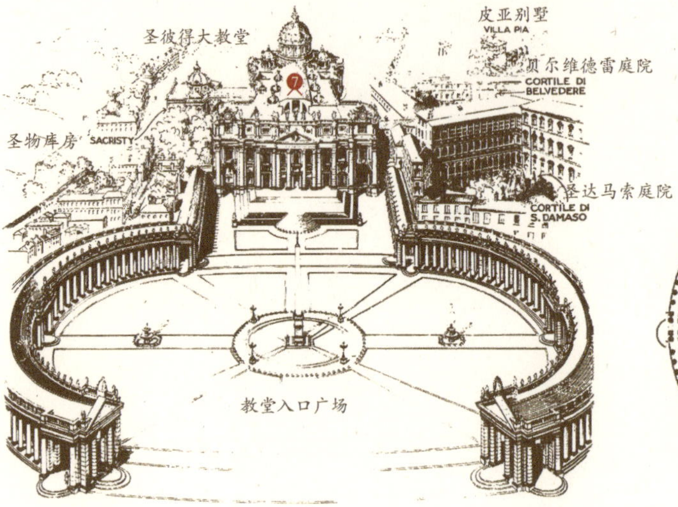

圣彼得大教堂及入口广场鸟瞰图

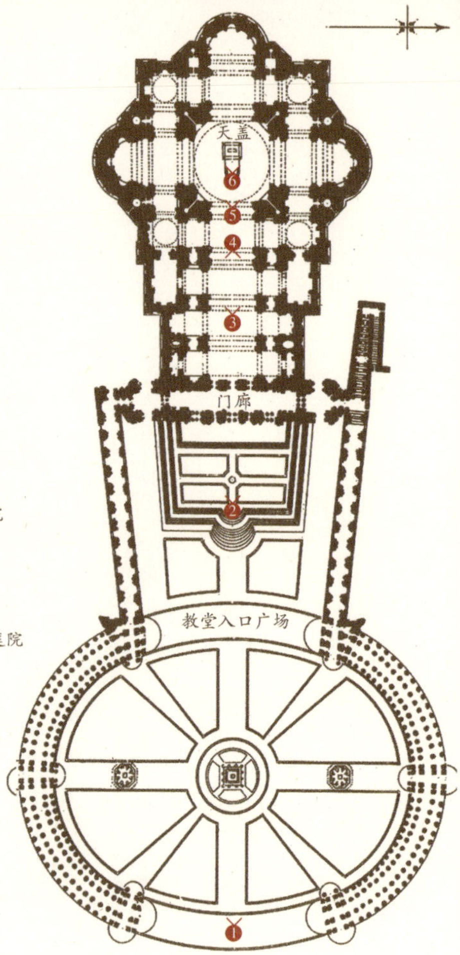

圣彼得大教堂及入口广场平面图

❶ 圣彼得大教堂
及入口广场全景

❷从梯形柱廊广场看向教堂

❸从教堂的巴西利卡前厅看向天盖

❹教堂前厅的拱顶

❺教堂中部的大穹隆

❻穹隆下贝尼尼建造的青铜天盖

❼从教堂上方俯瞰入口广场

原来这大寺不是一地方的寺院，乃是一个国际的大教会堂，全基督教徒的大本营。这在它的内部的构造上可以窥见。这广堂除中央一大祭坛外，左右还有二十八个祭坛，以及无数的忏悔场。故任何国人均可自由选用祭坛而行仪式，用任何国语皆可致忏悔。这构造能使各国的教徒皆得自由在旅行中满足他的宗教生活。无论何国的人一入此寺，就像走进他故乡的寺院一般可亲，不觉得生疏。故这构造一方面是极度的理想化的，另一方面又含着很多的实用的意义。

这寺的建筑工事，有复杂的经过。最初的旧堂，自君士坦丁大帝以后一千二百年间，一向不废。教徒们尊崇圣彼得遗骸，同样地尊崇这旧堂的建筑。法王曾经想把这旧堂拆毁，受大众的反对，终未敢行。到了文艺复兴初，始由建筑家伯拉孟特设计重建。伯氏于工事未竟时中途逝世，由他的同乡人拉斐尔（Raphaelo，文艺复兴三杰之一）继续经营。拉氏又在工事的中途夭逝，暂时由他的两个助手继续经营。后来七十二岁的老翁米开朗琪罗（Michelangelo，文艺复兴三杰之一[1]）出来接手。这老翁费了十八年的努力，直到九十岁的时候，方始把大穹隆的骨骼完全造成。后来又经许多作家的继续努力，到了贝尼尼而大穹隆的工事方始全部完成。[2]自重建至此，共历两世纪之久。

1　文艺复兴三杰的另一位是达·芬奇。

2　意大利文艺复兴时期的多位建筑师与艺术家都曾参与圣彼得大教堂的设计，包括伯拉孟特、拉斐尔、伯鲁齐（Peruzzi）、小桑迦洛（Sangallo, the younger）、米开朗琪罗、泡达（Gialomo della Porta）、芳达纳（Domenico Fontana）、波利尼（Poleni）、维尼奥拉（Vignola）、玛丹纳（Carlo Maderna）、贝尼尼等。

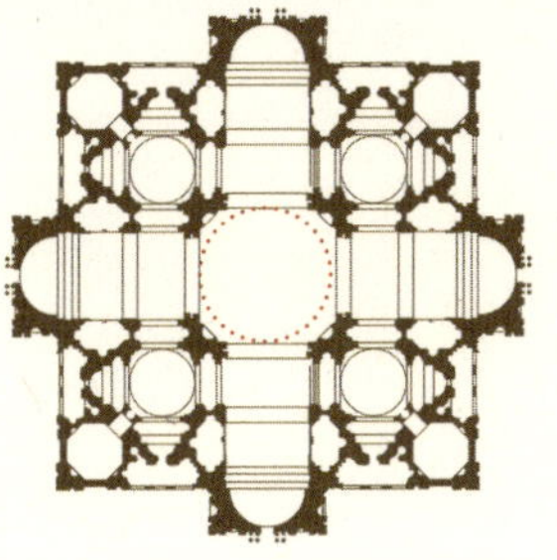

❶ 伯拉孟特（Bramante）1505—1514 年设计
四个小穹顶簇拥中央大穹顶的
希腊十字式平面

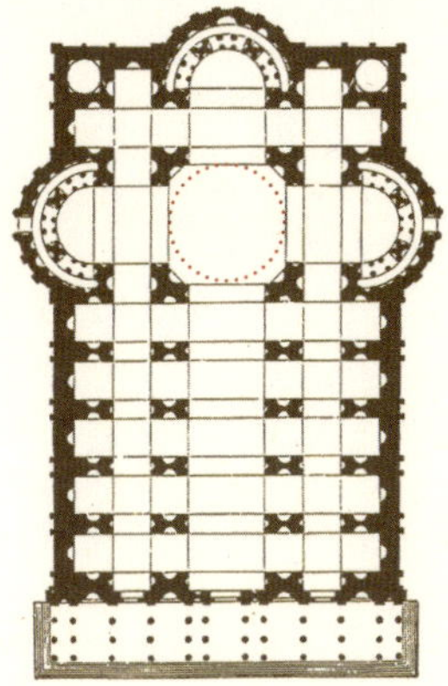

❷ 拉斐尔（Raphael）1514—1516 年设计
增加了巴西利卡前廊的拉丁十字式平面

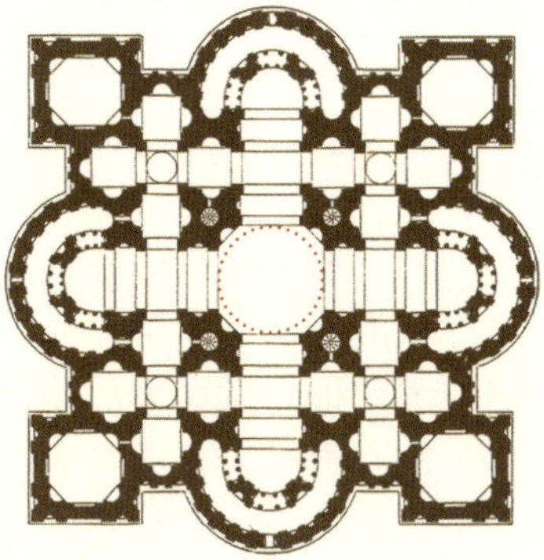

❸ 伯鲁齐（Peruzzi）1534 年设计
恢复希腊十字式平面

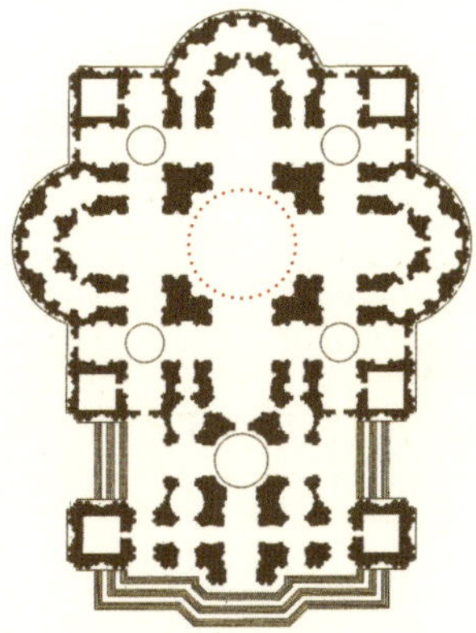

❹ 小桑迦洛（Sangallo, the younger）1536—1546 年设计
恢复拉斐尔的拉丁十字式平面

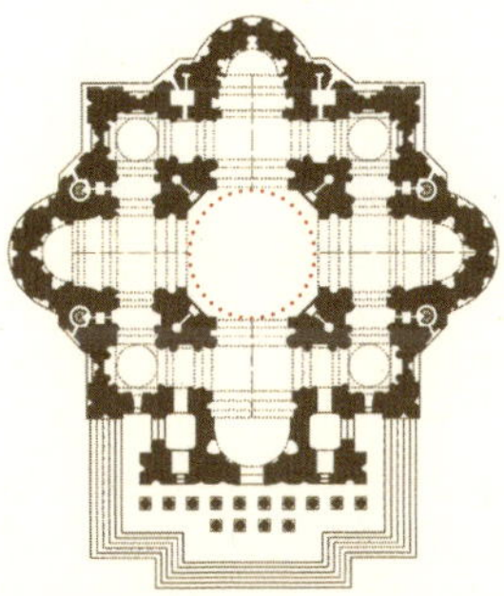

❺ 米开朗琪罗（Michelangelo）1547—1564 年设计
恢复希腊十字式平面

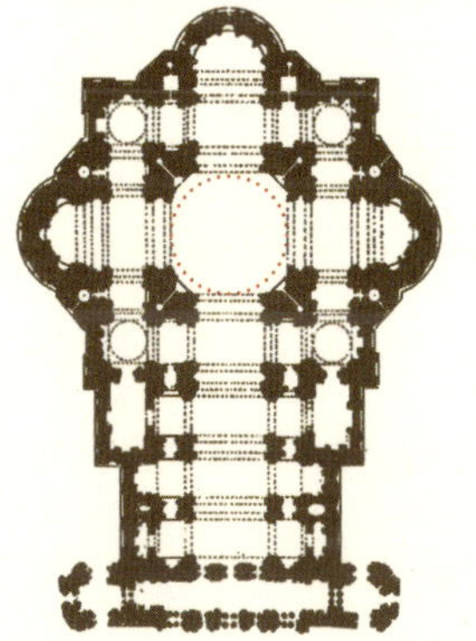

❻ 玛丹纳（Carlo Maderna）1606—1612 年设计
加建巴西利卡前厅，恢复拉丁十字式平面

0　50 米

圣彼得大教堂中央大穹顶的平面投影线

圣彼得大教堂平面演变
希腊十字式（Greek cross）：平面为向四面伸出相等臂长的正十字形。
拉丁十字式（Latin cross）：平面为一臂较长的正十字形。

世人对于这大穹隆的形式，有多方的赞美词。在合理主义思想盛行的十八世纪时，法国的数学者曾用数学的理论法来赞美这大穹隆的轮廓线的美。反之，十九世纪后半，浪漫主义时代的人欢喜非合理的解释，又赞美这大穹隆为天才的直观所产生，这轮廓线乃用自由的神技而描出。有的说“这穹隆上的曲线，凌驾一切几何学的定规”。有的说“这是感觉所生的曲线，天才所创造的形式”。有的说“这穹隆的外观，为建筑艺术在地上所能显示的最美的形态，却用最简单的轮廓线描成”。有的说“这是一切伽蓝中的伽蓝”，又有人说“这不是人手所作，乃天所赐予；一切的罪恶，在这穹隆之前无法隐藏”。这话类似我国各处城隍庙里的匾额上的“到此难瞒”。但这并不全是迷信，伟大的宗教建筑，往往能从直感上给人一种启示，使人心暂时远离颠倒梦想的苦恼，而回顾生命的本源。——但在宗教被政治社会政策所利用的时代，这种启示就变成压迫。

十七世纪以后，基督教中心的时代渐成过去，人心显著地倾向实际的要求。各国的君王不肯再为圣者造寺院，却热心于为自己造宫室。寺院建筑至此告终。而华丽奢侈的宫廷建筑就代替了它而兴起。这是下回的讲话的题目。

圣彼得大教堂穹隆内外

丰子恺西洋建筑六讲

FENG TSE-KAI's Six Lectures on Western Architecture

第五讲　宫的艺术

自十六世纪文艺复兴以后，基督教会的权力从发达的顶点开始衰落起来。继着教权而起的是王权，故十七世纪被称为“王权中心时代”。

教权衰落的原因，一则为了宗教改革运动揭破了当时教会的缺陷，减弱了人民对于基督教的信仰力。二则为了文艺复兴运动注重复古，一切文化都倾向于古代的模仿。人民不再热衷于基督教文化了。同时，欧洲各国正在力图国家根柢的巩固，盛行中央集权制。以前的教会文化就一变而为“宫室文化”。宫室文化在美术上所留的痕迹，最主要的是宫室建筑。如前讲所说，寺院建筑已经高得不能再高，尖得不能再尖。此后的宫室建筑所要求的不是高和尖，而是华丽——尤其注重建筑物内部装饰的华丽。由寺院建筑变成宫室建筑，是世界文化的一大转机。若以古今二字把历史划分为两时期，则寺院以前的可称为古代的建筑，宫室以后的可称为今代的建筑。这古今建筑的差别，大体有四点，现在先把它们列举于下：

第一，古代建筑大概以鬼神为题材。除了注重肉

体享乐的罗马人营造大浴场之外，埃及的坟墓，希腊的神殿，中世的寺院，皆以鬼神供养为其目的，住人不过为其附带的条件。今代建筑的题材，就从鬼神一变而为活人。宫室以贵人的住居为目的而建筑，商店洋楼以富人的事业和住居而建筑。自从宫室文化时代的十七世纪以降，世间不复有媚鬼神的大营造，所有的大建筑都是媚富贵之人的东西了。

第二，古代建筑大概为群众公用而建造。希腊的神殿为全市的守护机关，为全市民的瞻观场所。中世的寺院为教徒的集会所，为万人的灵魂的归宿处。埃及的金字塔虽曰王者私人的坟墓，其实是为民众观瞻而造;仿佛中世的寺院，是用建筑的高大来收揽民心的。自宫室文化时代以后，大建筑不复为群众公用而建造，都为私人或私人团体而建造了。宫室为王者、为贵族；商店洋房为资本家、为阔人。这种建筑的富丽堂皇，虽然也给群众看，但只是作广告，装场面而已。

第三，古代建筑大概不以人生的现世幸福为目的而建造。除罗马浴场以外，埃及的坟墓为王者的“死后生活”而建筑，希腊的殿堂为神的供养而建筑，中世的寺院为圣灵的供养及教徒的来世幸福而建筑。自从宫室文化时代以后，建筑都以人生为题材，都为人生现世的幸福而建造。这原是人类生活进步的现象。

可惜过去的为人生的大建筑，都为一极小部分的人生，而不为群众的人生。宫室为少数贵族的现世幸福而造，商店洋楼为少数资本家的现世幸福而造。大多数的群众不得享受其幸福，反而受得服役等种种苦痛。可知这种为人生现世幸福的建筑，尚未充分进步。将来如能更进一步，而有为大众的大建筑出现，方为人类生活的福音。但这是题外的话了。

第四，因了上述的三种情形，古代建筑大概注重建物外部形式的美观。金字塔注重外形的高大，帕提侬神庙注重全体的调和，科隆大教堂注重眺望的巍峨。内部形式虽然也讲究，但远不及外部形式的注重，这种建筑可说都是专重外形的。宫室建筑开始反对这一点，不以眺望者为主；而以住者为中心，非常注重室内装饰。甚至完全不顾外部形式的美观，或故意做朴陋的外观，使人入内方见意想不到的华丽。最近的商店建筑也注重外形，但同时决不肯忽略内形。故宫室文化以来的建筑，可说都是注重内形的。

金字塔注重外形的高大

帕提侬神庙注重全体的调和

科隆大教堂注重眺望的巍峨

卢浮宫既关注外部形式的美观，
也注重内部装饰的华丽

上述四点，是古今建筑的差别。恐怕不但建筑上如此，世间一切文化，都具有这种变态，不过显隐迟早不同耳。现在且把宫室建筑的状况叙述于下。

自古以来，时代思想常留痕迹在美术上。政教一致的上古时代，确信灵魂不死，遂有伟大的金字塔的制作。都市国家制的希腊时代，市民免除国难，感谢守护神的恩德，遂有精美的神殿的制作。教权中心的中世时代，教徒确信天国的存在，祈求来世的幸福，遂有巍峨的寺院的制作。到了这种美丽的梦被时代潮流所惊醒了之后，人心就集注于现世的事实上。为人群的首领的王者，开始驱使其威力，以装饰其私人的生活。宫廷艺术因此而兴。

十七世纪宫廷艺术最盛行的国有二，即西班牙与法兰西，西班牙皇腓力四世[1]网罗全国的大美术家，使之专研宫廷装饰的美术，画家所描写的全是贵族的生活。建筑家所研究的全是宫室的建筑法。音乐家也都做了贵人邸宅中的乐人。现今留传于世的西班牙名画中，我们还可看见有不少贵妇人描写的作品。比西班牙更大规模地提倡宫廷艺术的，是法兰西。法兰西的宫廷艺术，不是在十七世纪才开始，文艺复兴期早已提倡。当时法兰西斯一世优待晚年的达·芬奇（Leonardo da Vinci），要他为宫廷计划装饰，肇开法兰西宫廷艺

1 腓力四世（Felipe Ⅳ，1605—1665），西班牙国王（1621—1665）。

术的始端。到了十七世纪，法兰西名帝路易十四世出现，宫廷艺术就具有最典型的姿态。他创立美术学院（accademy）[1]，养成宫廷艺术的专门人才。他所完成的有两大建筑，即卢浮宫（Louvre）与凡尔赛宫（Versailles）。后者尤为宫室建筑的代表作。这种建筑的样式，特称为“路易十四式”。在一般美术样式上，就是所谓“巴洛克式（baroque）”。由此更展进一步，即成为十八世纪的“洛可可式（rococo）”。

建筑曾由巍峨的“哥特式（Gothic）”一变而为简洁的“复兴式”。现在又从简洁的复兴式一变而为华丽的“巴洛克式”与纤巧的“洛可可式”。巴洛克与洛可可是美术上特用的两个术语。其在建筑上的特色是繁琐、浓丽、多曲线、多细致的雕刻。华丽的装饰常隐蔽建筑的构成，使建物全体显示绘画的效果。此建筑样式的流行，以意大利与法兰西两国为中心地，而在法兰西尤为盛行。意大利巴洛克式的代表作家，就是罗马圣彼得大教堂前面的柱廊的作者贝尼尼（Bernini）。他用巧妙的方法，使柱廊因透视的作用而把广场显得更广，把寺院显得更高。在大穹隆的笼罩之下，寺院全体显示非常壮丽而调和的姿态。这教堂由各时代的大家合力做成，在柱廊这部分上可说是巴洛克式的先驱。此风入法国而盛行。最初亦仅用于宗教建筑上，路易十四世始移用之于宫室上。全以曲线为本位，而特别注重室内装饰，滥用无数复杂的模样。巴黎现有三大著名建筑，即巴黎圣母院（Notre Dame de Paris），及上述的卢浮宫与凡尔赛宫。前者是属于哥特式的，后

1 即巴黎皇家绘画与雕塑学院，设立于1648年，是如今世界“四大美院”之一的巴黎国立高等美术学院的前身。19世纪，校内设绘画与雕塑科、建筑科两科。绘画与雕塑科的绘画课基本只教授素描，另有解剖、透视等技法理论课；建筑科则无绘画课，仅有建筑理论、艺术史、建筑工程、数学4种课程。他们的建筑教育体系发展成为建筑教育界知名的“巴黎美院体系”，此体系后来发展到美国，代表性院校是宾夕法尼亚大学。同时由于中国第一代建筑师多在这个院校学习或者受到这个院校影响，所以当他们把建筑教育引入中国时，成立的第一批建筑系也大多采用巴黎美院体系的教学方式。

卢浮宫（上）与凡尔赛宫（下）
（《西洋建筑讲话》插图）

两者就是路易十四世所完成的巴洛克式的代表作。卢浮宫分西南两部，开工于十六世纪，由路易十四世请意大利大建筑家贝尼尼完成之。[1] 凡尔赛地在巴黎西南郊外十四五英里之处，原是旧宫，由路易十四世费十亿金及四十四年的日月，大加增修，遂成今日的华丽的宫殿。[2] 其中央砖石造的正殿，原为路易十三世的居邸，现在为国立博物馆的一部分——历史工艺博物馆。其外有路易十四世的铜像，宫内遍是名画家所作的壁画——历史画，及王家人物的肖像画。楼上大广间中，四壁及天花板上的绘画尤为绚焕灿烂。其中有一室，曾为欧洲大战讲和时的谈判所。[3] 又有一室为路易十四世的寝室，中有临终的寝床，一切器具悉如其生前所布置。昔日的帝居，今已为游人凭吊的古迹了。

1 1665 年，贝尼尼设计了卢浮宫的东立面，但由于不了解法国的传统，不理解路易十四的政治要求和建筑艺术要求之间的关系，未被选中，最终被采纳的是勒伏（Louis Le Vau）、勒勃仑（Le Brun）和彼洛（Claude Perrault）合作设计的东柱廊方案。

2 凡尔赛位于巴黎西南 18 千米，该地本是狩猎场，1624 年路易十三在此建造了一座砖砌三合院猎庄。1661 年路易十四决定在旧猎庄的位置上建造凡尔赛宫，建筑师勒伏奉命主持扩建工作，建造了御院、前院和练兵广场。1678—1688 年，建筑师孟莎特（Jules Hardouin Mansart）设计了镜厅，并修建了凡尔赛宫的南北两翼，使建筑总长达到 402 米。1699—1710 年，新建皇家教堂。18 世纪，路易十五入住凡尔赛宫后，继续对其进行扩建，最终形成现有的规模。

3 即凡尔赛宫镜厅。1919 年 1 月 18 日至 6 月 28 日，英、法、美、意等 27 国代表在镜厅召开第一次世界大战战后协约会议（巴黎和会）。会上签订了《凡尔赛和约》，标志着第一次世界大战正式结束。

1668年的凡尔赛宫

凡尔赛宫前路易十四的骑马铜像

古老版画上的
凡尔赛宫国王寝宫，
中央为寝床

凡尔赛宫镜厅（1684年）

卢浮宫内部的洛可可装饰
（创作于19世纪）

路易十四世殁（一七一五年），路易十五世继立。年幼，由菲利普[1]摄政。宫室生活的奢侈更甚于先代，其影响遍及于民间，造成了一代浮靡的风习。这时候的建筑比前更为浮华，特称为“摄政式（style Régence）”，即为后来洛可可式的准备。摄政式的建筑，其构成的要素（例如柱等）全为表面的装饰所掩蔽，只见有优雅华美的曲线，而全无强力的感觉。洛可可式比这更进一步，完全不顾建筑物外部的美观，而专重室内的华丽。有时故意装成无趣味的外观，而在内部施以惊人的装饰。这种样式与注重外形美观的古代的神殿寺院比较起来，成了完全相反的对比。

1　菲利普二世，奥尔良公爵（Philippe II, Duke of Orléans，1674—1723），法国摄政王（1715—1723）。

但洛可可式只是昙花一现，路易十五世死，洛可可式即与之偕亡。路易十六世即位（时在十八世纪后半），大改先代侈奢之风，崇尚朴实。“路易十六世式”的建筑，全不用动摇的曲线，但求稳定。不取绘画的表现，但求合于规则的形式。甚至把石造建筑的外部装饰照样应用于室内。这是法兰西大革命后的古典主义艺术的先驱，原是合于时代潮流的艺术形式。但上两代的骄奢之罪归并在路易十六世一人身上，使他终于失却民望，得到悲惨的最后。路易十六世上断头台后，欧洲文化大改面目，美术史亦转入全新的时代——近世古典主义时代。

然近世古典主义的潮流偏重在绘画方面。故十九世纪的建筑只是巴洛克、洛可可的连续，无甚特异的表现。换言之，十九世纪的建筑只是路易王家的贵族主义加了拿破仑的英雄主义，成为王侯贵族享乐的一种游艺，全无新时代的精神。这在建筑上称为“拟古典派[1]”，像巴黎的两座凯旋门（巴黎凯旋门与Etoile凯旋门）[2]即是其例。此后的建筑称为“浪漫派[3]”，像伦敦国会议事堂、巴黎大歌剧场、比利时Brussel大法衙，[4]皆是其例。然这等建筑皆徒有形式而

1 即古典复兴建筑（Classical Revival Architecture），受到启蒙运动的影响，18世纪60年代至19世纪末流行于欧美一些国家的采用严谨的古希腊、古罗马建筑形式的建筑。又称新古典主义建筑。

2 这两座凯旋门一座是指卡鲁塞尔凯旋门（Arc de Triomphe du Carrousel），即文中的“巴黎凯旋门”，又称“巴黎小凯旋门”，建于1806至1808年，用于纪念拿破仑在1805年的军事胜利，设计人为夏尔·佩西耶（Charles Percier）与皮埃尔·方丹（Pierre Francois Léonard Fontaine）。另一座“Etoile凯旋门”是巴黎星形广场凯旋门（Arc de Triomphe de L'E'Toile），建于1806—1836年，设计人为让·查尔格林（Jean-Francois Chalgrin），它是拿破仑时代最重要的国家纪念性建筑之一。造型仿罗马帝国时期的单券凯旋门式样，但构图简单而尺度庞大，整个外观追求雄伟、壮丽的帝国气魄。在凯旋门的周围是一个有12条放射形道路聚合的圆形广场，即星形广场。

3 即浪漫主义建筑（Romanticism Architecture），18世纪下半叶至19世纪下半叶欧美一些国家在文学艺术中的浪漫主义思潮影响下流行的一种建筑风格。这种思潮在建筑上表现为反对权威、传统和古典模式，追求超尘脱俗的趣味和异国情调，追求绘画的意境，通过借用旧的建筑式样和通过古怪的“铺张排场”加以表现。

4 伦敦国会议事堂即英国国会大厦，是浪漫主义建筑风格。巴黎大歌剧场即巴黎歌剧院，比利时Brussel大法衙即布鲁塞尔司法宫，这两座建筑在建筑史学界认为是折中主义建筑风格。折中主义建筑兴起于19世纪上半叶，到19世纪末20世纪初在欧美盛极一时，为弥补古典主义与浪漫主义在建筑上的局限性，任意模仿历史上的各种风格，或自由组合各种样式，只讲求比例均衡，注重纯形式美，所以也被称为“集仿主义”。

巴黎星形广场凯旋门，
古典复兴建筑风格

巴黎卡鲁塞尔凯旋门，
古典复兴建筑风格

缺乏力感，只能说是新时代建筑的准备。真的新时代的建筑，发祥于德国。有名的 Eiffel（埃菲尔）铁塔是其著例。此铁塔高一千余英尺。现代商业大都市的各种惊人的铁造建筑及高层建筑，皆以这铁塔为先导而出现。

布鲁塞尔司法宫（约 1894 年摄），
折中主义建筑风格

巴黎歌剧院，
折中主义建筑风格

英国国会大厦，
浪漫主义建筑风格

巴黎埃菲尔铁塔

近世建筑始于王权中心时代，到现今已转入商业中心时代。其共通的性状，即前述的四点：（一）为人生的，（二）为私人的，（三）为现世幸福的，（四）注重内部形式的。从王权时代到商业时代，虽然建筑的技术和形式屡经变迁与进步。但内容性状还是同一：从前的宫室可说是王家的总店，现在的摩天楼可说是资本家的宫殿。现代艺术都正在努力向民众开放，独有建筑始终为少数人所独占。这一点使我这一回讲话减却了不少的兴趣。倒不如以前谈希腊的神殿，谈中世的寺院，虽然所谈的是古昔迷信时代的建筑，但其建筑非为私人享乐，皆为民众瞻观。即使动机何等不纯正，谈时似乎较现在有兴味得多。

丰子恺西洋建筑六讲

FENG TSE-KAI's Six Lectures on Western Architecture

第六讲　店的艺术

我国前时代人憧憬“京洛”之游，现代人却都想“到上海去”，经商、发财。即有想到南京去的，其目的也仍是发财。黄金之力与商业之道支配了资本主义社会的人心。

只要就建筑上看，即可明知这变迁。前代的建筑主题是宫室，现代的建筑主题已变成商店。原来建筑一事，自来在美术史上占有最基础的立场。在无论何时代，建筑常为一切美术的向导。人类思想，时代精神，常在建筑中做具体的表现。

现代商业是怎样兴起来的？远因在于百余年前：十八世纪末叶，拿破仑捣乱欧洲，弄得各国民穷财尽，人心不安。同时科学昌明，机械发达，工业勃兴，交通便利，生存竞争日渐激烈起来。于是欧洲的人就非努力赚钱不能生活。赚钱之道，莫妙于经商。商业都市由此日渐发达起来。直到今日，发达得“不堪回首”，有人说已到了繁荣的极顶了。

现今世界商业的中心地，要算财力最雄富的北美。纽约本是世界第二大都，现今已变成了世界一等的商场。商业建筑，在这地方呈最大的伟观。其次要算德国。这个国家自从在第一次欧洲大战中一蹶之后，奋起直追，一切建设都改弦更张，显示飞跃的进步。现代商业建筑上的新建设，大都发端于德国。在大战前德国就有许多建筑家创造新式的建筑，为现代都市建筑的起因。初有 Franz Schwechten 者，在柏林造"铁车站"，又造铁骨的百货商店，是为现代建筑上的"铁的革命"的先声。[1] 其后，又有 Alfred Messel 者，演进前人的建筑技术，又做铁骨的高层建筑。[2] 还有一位叫作 Alexandre Gustave Eiffel 的，在一千八百八十九年巴黎的世界大博览会中建造一个极高的铁塔，名曰"埃菲尔铁塔"，在当时是全世界知名的最高的铁造建筑。[3] 其高度为一千余英尺。这是世间高层建筑及大铁桥的起源。

这班德国大建筑家的企图，加了现代资本主义的势力，便演成现代商业大都市的建筑的伟观。

现代商业都市的建筑，大约可分为两类：第一类是资本主义者方面的，第二类是劳动者方面的。前者是广告性质的摩天楼及各种尖端的建筑。后者是合理主义的建筑，如最近德国及苏俄所努力企图的所谓 Siedlung（译音为"奇特伦格"，是集合住宅的一种新样式，犹似上海的弄堂房子，但是进步甚远），及各种实用本位的新建筑。

1 弗朗茨·施威登（Franz Heinrich Schwechten，1841—1924）是威廉时代最著名的德国建筑师之一，对历史主义建筑的发展做出了贡献。他的第一个主要作品是 1880 年启用的具有纪念意义的柏林安哈尔特火车站总站，屋顶采用当时最大的 62 米长独立拱形铁桁架支撑，是当时欧洲大陆最大的车站建筑。他 1912 年设计建造的柏林波茨坦大厦（Haus Potsdam，1928 年更名为 Haus Vaterland）是一座六层高的办公建筑，外观是砖石墙，实际为钢框架结构。

2 建筑师阿尔弗雷德·梅塞尔（Alfred Messel，1853—1909），现代城市建筑最重要的远见卓识者之一。他于 1896 年设计的柏林韦特海姆百货公司是当时欧洲最大的百货公司。设计中大量使用了铁和玻璃，高高的竖框窗子为建筑增添了几乎哥特式般的高贵气质，在功能、尺寸和优雅方面，它传达了新时代的都市感，这是之前其他建筑所没有的。

3 亚历山大·古斯塔夫·埃菲尔（Alexandre Gustave Eiffel，1832—1923），法国著名建筑师、结构工程师、金属结构专家，因设计巴黎的标志性建筑埃菲尔铁塔而闻名于世。铁塔方案是他于 1886 年设计的，后经竞赛从 700 多份参赛作品中被选中。建造历时 17 个月，铁塔作为纪念法国大革命 100 周年的纪念性建筑亮相 1889 年巴黎世界博览会。塔高 328 米，内部设有 4 部水力升降机，它的巨型结构与新型设备显示了资本主义初期工业生产的最高水平与强大威力。

柏林安哈尔特火车站

1905 年莱比锡大街上的
韦特海姆百货公司

1889 年的
巴黎埃菲尔铁塔版画

1913年的柏林波茨坦大厦

现在把两种分述于下：

一　广告性质的建筑

广告性质的商店建筑，其形式不外两种：一种是异常地“高”，一种是特别地“奇”。对于上述第二类合理主义的建筑，这可说是“不合理主义”的建筑。因为资本家不管工本贵贱，不管合不合实用，不管对于都市人的生活上有否害处，一味求其形式奇特而触目，以为商品的宣传手段。现在先就“高”的建筑说。

Skyscraper（摩天楼）在纽约最盛行。远望纽约市，好像一座树木都被斩了首的大森林。前回我讲中世纪的寺院建筑，曾经用森林来比方那种尖而高而华丽的哥特式寺院。现在纽约的摩天楼，其高比寺院更甚，然而都是光光的，好像森林的树木都被剥了皮，去了枝叶。又好像是竹林中的怒放的春笋，然而笋尖头也都被斩脱了。

纽约伍尔沃斯大楼
（《西洋建筑讲话》插图）

左页图中是现今世界最高的实用建筑，纽约的 Woolworth Buiding[1]。试看它的窗子之多，全体好像一扇旧式的格子窗。[2]这种摩天楼大都是商业的事务所。我们骤见时，谁都感到惊骇。摩天楼所求的效果，就限于这点惊骇。在这惊骇中，一面可以夸耀他们商业资本的雄厚，一面可以宣传他们的商品，以推广其营业。但是讲到建筑本身，这样的高于实用上非但无益，而且有害。

1　即伍尔沃斯大楼，其高达 52 层，241 米，外形采用的是哥特复兴式手法。由于它的体形高耸入云，当时记者把它比之为"摩天楼(Skyscraper)"，从此，形容超高层建筑的"摩天楼"一词也就广为传播。同时，在它建成之后，美国纽约市政当局鉴于日照与通风的原因，制定了法规，要求高层建筑随着高度的上升而要渐渐后退，这对 20 世纪 20—30 年代纽约摩天楼的造型有深刻的影响。不过，当时世界最高的建筑实为竣工于 1931 年的纽约帝国大厦（Empire State Building），楼高 381 米，总 102 层，1951 年增添了高 62 米的天线后，总高度为 443.7 米，是保持世界最高建筑地位最久的摩天大楼（1931—1972 年共 41 年）。

2　这两句与其在《中学生》杂志 1935 年六月号上连载时略有不同，连载时原文为："图中占主要地位的是纽约的 Empire State Building。这是有名的高层建筑，试看它的窗子之多，全体好像一扇旧式的格子窗。金刚的影戏片，就是以这高层建筑为背景而演映的。"结集出版时被修改为此版本，原因不明。

纽约帝国大厦
(《中学生》杂志连载时配图)

关于摩天楼高度的问题，在现今的建筑家之间有很多的争论。有一小部分的人，赞美摩天楼越高越好。他们以为这是北美文化的必然的结果，是美人的天赋的性格的产物。[1]但大部分的建筑家都反对高层建筑。就效果、地价、收入、租税、市民生活、活动、出入、时间消费、公众卫生及安全等问题上着想，太高的摩天楼都是无益而有害的。[2]建筑界中反对摩天楼的呼声已起了四十年，然而资本主义者方面如同不闻，只管愈弄愈高地在那里建筑。据反对者说，高层建筑的害处很多:一者，建物太高，遮断了光线，使地上常有大块的阴影，妨害公众卫生。二者，叠屋架床，空气也不清洁，又有害于公众卫生。三者，在试建期内，技术未练，有崩坏的可能，又有妨于公众安全。四者，其唐突的形式，有害于街道的美观，使人望见纽约市，只觉惊骇而感市街形式的不美。都市生活的弊害，其根源实在于高层建筑。据各建筑家说，高层建筑以八层至十层为最适宜。过此限度，皆于都市生活有害。然而现在纽约等各大都市中，八层至十层的建物都躲在诸大摩天楼的脚下，不容易被人注意了。就是上海，头二十层的“高房子”[3]也已有了不少，八九层的不算稀奇了。因此现代都市生活的人，暗中为商业建筑受着不少的苦痛。在资本家方面，为了竞夸广告，也受着不少的损失。高层建筑的初意原为经济地皮。但层数过多，材料及设备（升降机等）的费用增大，抵不过所收入的房租。据建筑家的计算，摩天楼的经济的高度，

1　19世纪晚期的美国芝加哥，随着城市人口增加，对于兴建办公楼和大型公寓是有利可图的，特别是1871年大火之后，城市重建问题突出，为在有限的市中心区内建造尽可能多的面积，高层建筑开始在芝加哥涌现。由建筑师和工程师组成的“芝加哥学派”应运而生，它是现代建筑在美国的奠基者。芝加哥学派探索了金属框架高层建筑这一新建筑类型对于新技术的运用，建筑形式对新技术的表达，明确了功能在建筑设计中的主要地位。

2　由于芝加哥学派并不能摆脱当时社会条件的局限，高层建筑的成就只能成为资本家作为追逐利润的投机手段。因此，芝加哥学派的建筑多半集中在市中心区一带，地价昂贵与追逐利润逼使它们不断向高层发展，随之而来的是严重的城市卫生与交通问题。

3　20世纪20–40年代，斯洛伐克人匈牙利籍建筑师拉斯洛·邬达克（Laszlo Hudec，1893—1958）凭借上海国际饭店、大光明电影院、诺曼底公寓（现名武康大楼）等建筑，闻名于上海建筑业，而24层高的国际饭店，自问世以来至1983年，雄居“上海之巅”达半个世纪，成为邬达克建筑艺术的代表作。

以六十三层为限。但现在世间超过六十三层的建筑很多，前图即其一例。

据 J. Rowland Bibbins 的计算，房屋的层数对于总投资的纯利益，其成数如下表（表中所举为普通所取的八种）[1]：

层数　对总投资的纯利益

八层——百分之四点二二

十五层——百分之六点四四

二十二层——百分之七点七三

三十层——百分之八点五〇

三十七层——百分之九点〇七

五十层——百分之九点八七

六十三层——百分之一〇点二五（最大）

七十五层——百分之一〇点〇六

可知六十三层的建物，利益最大，过此限度，层数愈多，利益愈少。因为要在六十三层上再加十二层而成为七十五层，最后的十二层，建筑时需要特别的费用。例如升降梯，须用加高速度的特殊装置，须增加经费七十万金元。下部基础须特别强固，又须增加费。且上面的几层，屋面非缩小不可，而升降梯所费的地位，非增大不可，每层要为升降梯占去地位九十平方英尺。

1　1927 年，罗兰·比宾斯（J. Rowland Bibbins）提出建筑物的“经济高度（Economic Height）”是指在适当的建筑设计、布局效率、采光通风、睦邻友好、街道通路和公用事业服务的条件下，在建筑物的合理使用寿命内，能保证总投资（包括土地）的最终回报率达到最大值的高度。经济学家和建筑学家在该定义的基础上进行了一项研究，证明办公建筑的经济高度是 63 层，后文中的数据即出自他们 1930 年的著作《摩天楼：现代办公建筑的经济高度研究》（*The Skyscraper: A Study in the Economic Height of a Modern Office Buildings*）。

1934 年建成的上海国际饭店是当时的“远东第一高楼”

在七十五层中共占地位六千七百五十平方英尺。[1]这样，添了十二层所多的贷赁面积，实在有限，可谓得不偿失。据前人的计算，高至一百三十一层时，其利率如下：

一百三十一层——百分之〇点〇二

可知"高"的建筑，在公众是有害的，在投资者是损失的。所得益的，就是一点广告作用。我六十层，你七十层，他再来个八十层。外人看来总是他的资本最厚，大家就信托他，向他交易。于是他的营业发达起来。于是商业都市呈了膨胀病的状态。

其次就"奇"而说，为欲使人触目，增大广告的作用，建筑就取奇形怪状的样式，即所谓"尖端的"新样式。尖端的新样式，不一定是不合理的。但倘不顾生活上的实用，而专以新奇为目的，也同摩天楼一样，为不合理的建筑。现代商店中较合理的尖端的建筑，可举德国开姆尼茨（Chemnitz）的晓耕（Schocken）百货商店为例。

这是新建筑家门德尔松（Mendelssohn）所设计的。[1]这是现代最新颖的建筑样式。全体好像一艘大汽船。从来建筑所共通的"直"的样式，现在一变而为"横"的样式。在日间白墙的横条蜿蜒左右，确比摩天楼的严肃的直条可爱得多。在夜间带状不断的玻璃窗中灯

1 埃里克·门德尔松（Eric Mendelsohn，1887—1953），美籍德裔建筑师，20世纪初德国表现主义建筑的代表人物。他设计的德国开姆尼茨晓耕百货商店于1930年建成，2001年被改造为开姆尼茨州立考古博物馆。

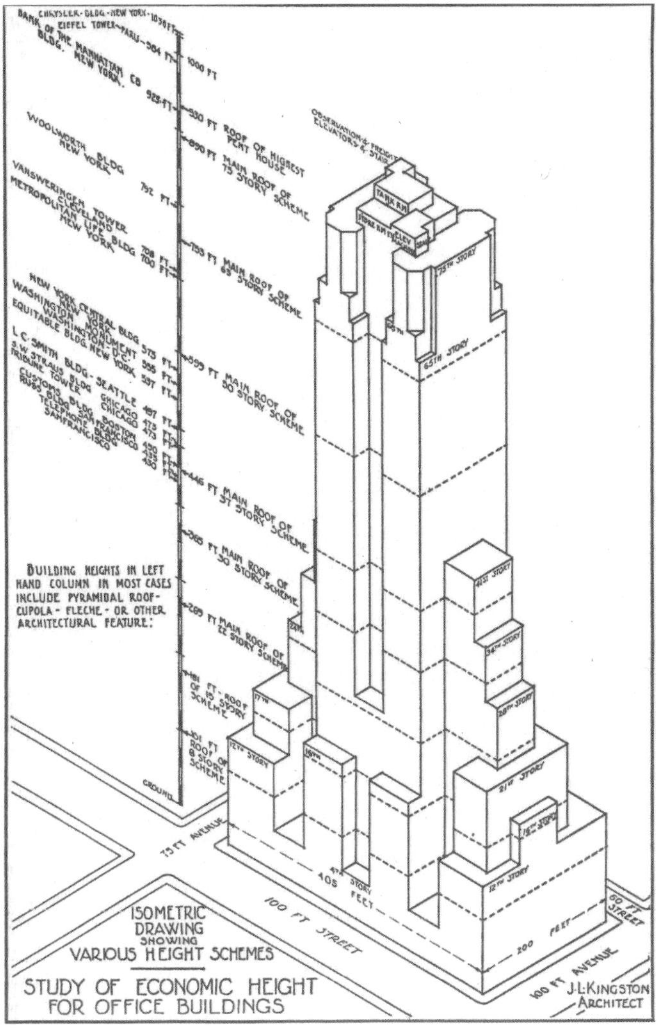

办公建筑的经济高度研究

火辉煌，仿佛几道金光，煞是好看。据评家说，这商店建筑的现代性有三：第一，这是铁材建筑。铁材的特色，是柱子所占地方极少，而且不须支在建筑物外部。因此外部可用带状不断的横长的玻璃窗和白墙，而不见一根柱子，几使人疑心这建筑物是从天空中挂下来的。这晓耕商店的柱子，在于窗内离窗三米之处，毫不占取壁面的地位。因此壁面可以全部开窗，使室外形式美观而室内光线充足。第二，这样式对于夜市有很大的效用。都市的生活，夜间常比昼间更加热闹。灯火是现代都市商店的一大笔开支。用了横长的窗条，透光容易，少量的灯火可以照出多量的光，增加其夜市的广告效力。第三，琐碎华丽的装饰风，已为过去时代的样式，为现代人所不喜，合于现代人感觉的，是“单纯明快”。这是一切现代艺术上所共通的现象，可说是现代的时代感觉。晓耕商店远望只见几条并行的曲线，而黑白分明。一种强烈的刺激深入现代人的感觉中。故在最近各种尖端的商店建筑中，晓耕为最进步的代表作。

日间的德国晓耕百货商店
（《中学生》杂志连载时配图）

夜间的德国晓耕百货商店
（《西洋建筑讲话》插图）

一味好奇而不顾形式的难看与实用的不宜的商业建筑，在现今也非常多。最普通是仿古——就是模仿古代的神殿，用粗大的柱子；或模仿中世的寺院，用庄严的屋顶。银行建筑最喜取这种壮丽的装饰。美国最初的高层建筑，五十层，取哥特式寺院的样式，其建筑家自称其设计为“商业的伽蓝（Bussiness Cathedral）”[1]。又如芝加哥的 Tribune 报馆的建筑[2]，取钟楼式，远望好像寺院的附属建筑。此外，在近代的建筑上唐突地加一排大石柱，或突如其来地加一个圆屋顶（dome）的，在各都市中处处皆是。据说，日本三井银行的资本只有建筑费，而建筑费中几根大石柱所费不小。[3]他们是全靠这几根大石柱来表示金融资本的威权，而博取大众的信用的。

这种仿古的尖端式，除了作奇特的广告以外，在形式及实用上都是无益而有害的。就形式而言，古今样式并用，使人起“时代错误”之感。破坏都市的市街美。就实用上说，大石柱在建筑的坚牢上完全是不必要的，专为装饰之用（古代不曾发明铁造建筑，必需柱为建筑物的支体，故其用处很自然。现今不需用柱支屋，即有不自然之感）。而有了这些大石柱，室内

1 即伍尔沃斯大楼，被誉为“cathedral of commerce”（商业大教堂），建筑外形采用哥特复兴式手法（浪漫主义建筑在 19 世纪 30—70 年代发展出的一种建筑创作潮流，追求中世纪的哥特式建筑风格），立面逐段向上收缩，顶部为一尖塔，并有一些小尖饰。

2 即芝加哥论坛报大厦（Tribune Tower），建于 1923 年，由建筑师约翰·豪厄尔斯（John Mead Howells）与雷蒙德·胡德（Raymond Hood）共同设计。建筑外形为哥特复兴式风格，塔顶修建了哥特式教堂常见的尖塔、飞扶壁等构件。

3 指建于 1929 年的日本三井本馆，即三井集团的总部办公楼。古典复兴建筑风格，立面采用科林斯柱式。

纽约伍尔沃斯大楼的
哥特复兴式塔楼

日本三井本馆，
古典复兴建筑风格，
立面采用科林斯柱式

芝加哥论坛报大厦，
哥特复兴式建筑风格

光线遮暗，损失地位，又使事务员能率减低，显然是无益而有害的装饰。然为了商业的广告作用，现今的都市中正在竞用稀奇古怪的式样，和不调和的触目的色彩。基督教的寺院形式，希腊的神殿形式，都出现在现代的商业建筑上了。唯有埃及的坟墓形式（金字塔）尚未被人应用过。也许不久将有金字塔形式的银行出现了。

美术论者谓“社会所导出的必然性，常与造型美术的必然性不相一致”。诚然！资本主义者要求建筑形式的“触目”，于是背反建筑技术的必然性，演成种种不合理的状态。

二　合理主义的建筑

上述是资本主义利用建筑做广告。换言之，是建筑受资本主义的蹂躏。故此不能代表现代新兴美术的建筑，只能算是一种畸形的发展。

真的合于时代潮流的新兴美术的建筑，在现世自有存在，即合理主义的建筑艺术。

新兴美术有三种意义：

第一说，是新兴阶级所创造或享受的美术。这是马克思主义者的说法，他们以为过去及现在的社会受资产阶级的支配，未来的社会当为普罗阶级所支配。

普罗文化中的美术便是他们所谓“新兴美术”。第二说，有尖端的意图及形式的，是新兴美术。这是专讲造型美的说法。他们不管社会思想及阶级的感觉等背景，但求形式的新颖与尖端。第三说，在艺术史上有建设的意义的，为新兴美术。这是根据历史科学的静观的说法，最为中肯。能不墨守旧规，而开拓新境，方是有价值的新兴美术。

新兴美术的建筑，自然也以合于最后一说的样式为正统。这便是合理主义的建筑。这合理根据着社会要素的三方面：第一，必须自觉其阶级性。如马克思主义者所说，只有普罗阶级的美术是新兴艺术，其余均是将没落的阶级的末期的艺术。但事实上并不如此简单。在将没落的阶级中，亦有新兴美术的存在。故只能求其自觉阶级性，都不能限定某阶级。第二，尽量应用现代的技术。例如机械代手工，铁材代木材便是。第三，具有“单纯明快”的现代感觉。这是一切现代美术所共通的特色。

自十八世纪至二十世纪的二百年间，世间的建筑事业日盛一日地在那里发展。然而只是增加些量，式样上大都屈从传统，全没有质的改进。经过这长期的衰颓之后，现在勃兴起来，顿呈全新的光景。所谓合理主义的建筑的主张[1]，约有六点：

第一，新兴美术中的建筑分为两类，即纪念建筑与目的建筑。前者是形式为本位的，后者是实用本位的。而实用本位的建筑居大多数。新建筑家所考虑的建筑样式,大多数是以“人生”为题材的。凡最合于实用的建筑，便是最进步的最美的建筑。

第二，过去的建筑常牺牲实用性而夸耀外观美，都是不合理的。合理主义的建筑，须并重卫生、住居的快适及形式的美观。

第三，现代建筑大多数是目的建筑，故首重平面图（房室支配），次重侧面图（房屋的外观）。即以实用为第一义，以美为第二义。

第四，除必要的以外，不做无益的费用。例如柱，在过去时代是必要的，但是现代的铁材建筑上没有柱的必要，应当撤去。无用的装饰反有损于建筑的美。新兴建筑须以费用最小的材料，来做效用最大的机能。

第五，注重建筑的实用性。建筑的主要的题材应是住宅，尤其是“集合住宅”与“最小限住居”。[2]现今德国及苏俄的建筑家，即以此为研究的主要目标。

1　18—20世纪初，欧美建筑创作中流行着古典复兴、浪漫主义、折中主义等复古思潮。20世纪上半叶，现代建筑思潮（Modern Architecture）在西方建筑界占主导地位，其基本观点与文中的“合理主义的建筑的主张”一致，强调建筑要随时代而发展，应同工业化社会相适应；强调建筑师要研究和解决建筑的实用功能和经济问题；主张积极采用新材料、新结构，并发挥其特性；主张坚决摆脱过时的建筑样式的束缚，放手创造新的建筑风格，发展新的建筑美学。

2　集合住宅是在一幢建筑内有多个居住单元、供多户居住的住房，最早可以追溯到古罗马时期中下阶层罗马人居住的贫民住宅。伴随着产业革命的兴起，人口迅速向大城市聚集，解决工人居住问题成为该时期住宅建设的出发点，由此加快了集合住宅的发展。20世纪20年代中期，为解决德国当下住房困难的紧迫问题，基于追求效率的功能主义原则，一些德国现代主义建筑师提出了“最低限度住宅（die Wohnungfür das Existenziminimum）”的概念，并在社会住房项目中广泛实践。“最低限度住宅”的设计目标是满足生活的最基本需求，即仅限于为居民提供赖以生存所必需的空气、光线和空间。

第六，美的建筑，就是实用性浓厚的建筑。工厂建筑在前代不列入美术中，现在成了建筑美术中的一大题目。

综观上述六种主张，可知现代合理主义的建筑，其目的是要救济现代资本主义的大都市中人的住居苦。现今的商业大都市中，地狭人多，住居的不舒服是生活上莫大的一种苦痛。在我国，上海人的住居苦尤甚。在公司里赚四五十块钱一月，已是一只难得的好饭碗。他们只能出每月十元左右的房租。而十元左右的代价所得的房屋，至多只有一间“前楼”。丈余见方的一个小天地内，包括卧室、食堂、会客室、灶间和便所。赚十元左右的工人，只能日班的和夜班的合租一个“阁楼”，白天让做夜班的人去睡，晚上归做日班的人去睡。这简直不是人的生活！要改良这种都市人的住居，虽然不是建筑单方面所能解决的事，然而建筑也总是改良的一端。合理主义的建筑家所设计的基础条件，就是想解决这个难问题，使都市中的勤劳者免除住居不良之苦，而获住居的卫生与快适。可惜在我们中国，衣食住行中第一第二两事现在还解决不了，遑论其他?

努力于解决上述的难题的，现今各国都有建筑家的集团，其团体名曰“Siedlung”。其中主要的建筑家爱伦斯德·马伊最近受苏俄招聘，去设计社会主义的都市建筑了。他们已有种种设计图发表。然而苏俄所定的目标太高，非有高度的社会训练的国家，一时恐难实行。现在举荷兰所已建的劳动者住宅[1]一例，如右页上图。这虽然不是店的艺术，但也是商业都市建筑的一种。

总之，Siedlung 是集合住居的一种新形态。性质与上海的“弄堂房子”相似，而设计比它进步甚远，明亮的窗，洁净的壁，一种健康、快适而简便的都会生活的住宅。这种住宅的合理点，就是其适于现代社会的需要和大众生活的要求。欧战中受创最深的德国人，对这种经营最为努力。

以上所说是现代合理主义建筑的一种重要题材。以下再谈它的形式美和材料。

现代建筑的形式美，约言之，有四条件：第一，建筑形态须视实用目的而定。第二，建筑形态须合于工学的构造。第三，建筑形态须巧妙地应用材料的特色。第四，建筑形态须表出现代感觉。

现代建筑界的宠儿勒·柯布西耶（Le Corbusier）有一句名言：“家是住的机械。”[2]这句话引起了世界的反应，大家从机械上探求建筑美。换言之，即从实用

1 荷兰劳动者住宅指位于鹿特丹的基夫霍克工人新村（Kiefhoek Workers' Housing），1925—1930 年由建筑师奥德（Jacobus Johannes Pietet Oud）设计建造而成，是 20 世纪初欧洲“最低限度住宅”建设的范例。

2 勒·柯布西耶（Le Corbusier，1887—1965），法国建筑师、城市规划师、作家，现代主义建筑运动的倡导者。他在 1923 年的著作《走向新建筑》中提出“住宅是居住的机器”的论点，强调住宅是为了住人而建造的，应有居住的标准，应能够像机器生产那样进行大规模工业制造。这种观点推动了建筑设计的标准化和工业化发展。

荷兰劳动者住宅
（基夫霍克工人新村）俯瞰

荷兰劳动者住宅
（《西洋建筑讲话》插图）

柯布西耶设计的马赛公寓
是集合住宅的代表

价值中看出的艺术的价值。凡徒事外观美而不适实用的建筑，都没有美术的价值，在现代人看来都是丑恶的，现代人的家，要求室内有轻便的卫生设备——换气、采光、暖房等。要求建筑材料宜于保住温度，宜于防湿气，宜于隔离音响，且耐久、耐震。要求窗户的启闭轻便而自由。因此木框的窗改为铁框的窗。最彻底表现这种建筑美的，便是上述的 Siedlung——无产者集合住宅的新形态。集合住宅的意图，是用最小限的空间、最小限的费用，来企图最大限的活用。昔日不列入艺术范围内的平民之家，现在成了最显示美的特质的建筑题材。

建筑形态合于工学的构造，就是要求力学的机能与建筑的基本样式保有密切的关系。例如铁比石轻便，比石占据地位更少；铁骨建造可使建筑物表面免去柱的支体。尽量利用这种力学的机能，便可在建筑上显示一种特殊的美。

材料的特色，例如古代建筑用石材，表出石材特有的美。现今的建筑用铁，用玻璃，亦必尽量发挥铁和玻璃所固有的材料美。白色的半透明玻璃的夜光的效果，已在现代都市中处处显示着。

现代感觉，不限于视觉，须与现代人生活全部相关联。例如最近流行一种钢管的家具桌椅，便是为了它适合现代感觉，与现代人的简便轻快的生活相调和，最适宜于作为“住的机械”的一部分的缘故。

建筑材料中，能使美的要求与实用的要求最密切地相关联的，莫如玻璃。为的是玻璃能通过光线，使室内明亮。因此现代建筑上爱用面积广大的窗。在现代建筑中，玻璃成为一种重要材料，不但是窗，就算桌、板、壁等也广用玻璃为材料，终于产出了最新颖的“玻璃建筑”。不久以前，建筑上发起“铁的革命”，现在又在发起“玻璃的革命”了。

玻璃革命的首领，名叫陶特（Bruno Taut）[1]。最初的起事，远在一千九百十四年。那年他在德国的展览会中建一壁面全用玻璃的建筑，名曰“玻璃屋”。这可说是玻璃建筑的最初的纪念物。凡事的兴起，总是出于浪漫的精神。“玻璃屋”的出现也如此：为了当时有一位美术评家名叫希尔

1 布鲁诺·陶特（Bruno Taut，1880—1938），德国表现主义建筑的代表人物。1914 年，他设计了玻璃展馆（Glass Pavilion）并在科隆的德意志制造联盟（Deutscher Werkbund）展览会上展出。

钢管桌椅，桌的面子是玻璃的，
玻璃是现代建筑上一种特别重用的材料
（《中学生》杂志连载时配图）

巴特（Scherbart）[1]的，写一册小书，名曰《玻璃建筑》，捧献于大建筑家陶特。陶特对他的浪漫的计划发生共感，就设计建造这“玻璃屋”，以为对希尔巴特的答礼。希尔巴特主张玻璃建筑的动机很浪漫的，但看下面这一段话即可知道：

> “我们通常生活于闭居的住宅内，这是我们的文化的环境。我们的文化，在某程度内为我们所

1　保罗·希尔巴特（Paul Scherbart，1863—1915），德国小说家、剧作家、诗人和评论家。《玻璃建筑》出版于1914年，下文所引的话即出自该书。

住的建筑所规定。倘欲使我们的文化向上，无论如何，非改变我们的住宅不可。现在所谓改，必须从我们所生活的空间取除其隔壁，方为可能。这不外采用玻璃建筑，使日月星辰的光不必通过窗户入室，而从一切壁面导入。这样的新环境一定能给人一种新文化。……”

上面所引的一段话，异想天开，浪漫可喜。然而我觉得怀疑，特在其“在某程度内”及“一定”两语上加了重点，以便吟味。究竟住宅对于我们的文化有怎样的关系？玻璃屋能否给人一种新文化？我一面觉得怀疑，一面又觉得新奇可喜。环境对吾人心情的影响之大，我是确信的。布置精美而装饰妥当的咖啡店、旅馆，使人乐于久坐，不想离去。西湖边上善于布置的茶店，其座位的形式好像正在向着游客点头招手。反之，良好的寺院建筑、宫殿建筑，又有一种神圣不可侵犯的氛围气，能使人缓步低声，肃静回避。然而住屋的壁面统统用了玻璃，使人一天到晚住在光天化日之下，一晚到天亮睡在星月光中，于我们的精神上有怎样的影响？难于想象。

玻璃建筑由这 Romantic 时代兴起，现时转入 Realistic 时代，各处都在盛用这种新材料了。[1] 但是用

1 Romantic 时代即浪漫主义的时代，浪漫主义思潮产生于 18 世纪末 19 世纪初欧洲资产阶级革命时代，强调艺术与现实生活保持距离，艺术应按照理想描绘生活。Realistic 时代即现实主义的时代，现实主义思潮产生于 19 世纪 50 年代的法国，提倡客观地观察现实生活，按照生活的本来样子精确细腻地描写现实。

1914 年德意志制造联盟展览会上的玻璃展馆

的范围究竟未广，尚未看见这新环境所给人的新文化。这且待将来再说。现在且把它的盛行的经过看一看。

建筑上最初应用玻璃，远在中世时代。那时北欧的哥特式大寺院，柱子细而长，柱子的中间完全是窗，窗上嵌用色彩浓烈的“绘玻璃”。天光通过了这些色彩玻璃而射入，寺内充满了一种神秘的光，酿成一种微妙的宗教的气象，使人入内如登天国。这用意当然与现代的玻璃建筑大异，而且用的范围也甚狭。但建筑

科隆大教堂的“绘玻璃”

阳光透过“绘玻璃”
射入米兰大教堂内部

上利用玻璃改变环境，使影响于人的精神，自此开始。也许希尔巴特的浪漫论调是从哥特式寺院受得暗示的。

其后，十八世纪宫殿建筑全盛时代，宫室内的壁上盛用玻璃。但不透天光，是当镜子用的。例如巴黎的凡尔赛宫内，有一间有名的“镜厅”，即其一例。镜的作用很大：把空间扩大，使住者感到宽裕。反映绅士淑女的衣冠裙钗，使室内琳琅满目。夜间反射灯火，增大室内的光明，若用在相对的壁面上又可做成无限反射，造成一种神秘的光景。佛教会内供养舍利子的房间内，常用这种无限反射，使人由此窥见“无始无终”的“法相”，我觉得比用在宫厅中更加适当。

巴黎凡尔赛宫镜厅，壁面上盛用玻璃

更次，十九世纪后半，机械工业发达，劝业博览会勃兴，建筑上亦盛用玻璃。在铁骨的框内嵌一块大玻璃，以代壁面。当时的遗物，就是伦敦的“水晶宫”及巴黎的“机械馆”。[1]但以上都是当作纪念建物而偶用玻璃的。正式地用玻璃为建筑材料，是最近的事。

1 水晶宫（Crystal Palace）是1851年在英国伦敦海德公园建造的第一届世界博览会展览馆。设计人是园艺师派克斯顿（Joseph Paxton），他应用铁架结构建造了一个全玻璃花房式的外形。由于建筑外壳全为玻璃覆盖，内外透明闪烁，故人们称之为“水晶宫”。机械馆（Galerie des Machines）是1889年在法国巴黎世界博览会建造的机器陈列馆，由工程师康泰明（Victor Contamin）设计，建筑师都特（F. Dutert）配合。这是一座三铰拱结构的大跨度建筑，构架四壁全为大片玻璃覆盖，表现了工业化的特征。

巴黎机械馆，
构架四壁全为大片玻璃覆盖

伦敦水晶宫，
铁架结构的全玻璃花房式外形

自从一九一四年陶特造了“玻璃屋”之后，另有大建筑家格罗皮乌斯（Gropius）者，推进其设计，建一“玻璃事务所”。[1] 玻璃之用渐及于现实生活。又有个新建筑家塔特林（Tantrin）者，做一铁骨的螺旋形的国际纪念塔，塔内有三间巨室，四壁都有大玻璃。[2] 听说这人现在已退隐在乡下，当小学教师。因为他的浪漫的计划，与现代俄人的合理主义不合的缘故。前述的门德尔松所做的晓耕百货商店，也是盛用玻璃的一例。

玻璃所以被盛用的原因有六：一者，玻璃的壁，能使建筑的模样全新。二者，玻璃的明快，合于现代趣味。三者，现代建筑以construction（构造）为本体，故喜用透明的材料。四者，都市生活要求夜间的照明，玻璃的照明效果最大。五者，商业建筑盛用“样子窗（show window）”，需要大玻璃。六者，玻璃适于社会思想家的主张。他们以为今日的世间，应该排除个人主义的生活，而提倡共同生活，故建筑上也应该撤去不透明隔壁而换用透明的玻璃，表示不闭关而公开。——这一条很有诗意，但实际上建筑用了玻璃，社会生活能否共同公开，我也觉得怀疑，而且可笑。

1 瓦尔特·格罗皮乌斯（Walter Gropius，1883—1969），美籍德裔现代建筑师，现代主义建筑学派奠基人。在1914年科隆的德意志制造联盟展览会上，他设计的展览会办公楼作为新工业产品展出。该建筑除了底层入口附近采用一片砖墙外，其余部分全为玻璃窗，两侧的楼梯间也做成圆柱形的玻璃塔。这种结构构件的暴露、材料质感的对比、内外空间的流通等设计手法在当时全部是新的，都被后来的现代建筑所借鉴。

2 塔特林（Vladimir Tatlin，1885—1953），俄国构成主义的中坚人物。他在1919年设计的第三国际纪念塔是构成主义初期最著名的作品，又被称为“塔特林塔”，其超越时代的结构形态、宏大的世界观和革命主题成为苏俄先锋派的标杆。

格罗皮乌斯设计的
德意志制造联盟展览会办公楼

塔特林设计的
第三国际纪念塔模型
（摄于 1919 年）

写实主义的玻璃建筑的代表的大作家，有两人，其一人叫作凡德罗（Mies van der Rohe）[1]，他最近正在做一种伟大的设计：三十层的壁面全用玻璃的百货商店。但能否实现其计划，还是问题。还有一人，就是现代建筑界的宠儿勒 · 柯布西耶，他最近在莫斯科所作诸建物，壁面全用棋盘格子的大玻璃，全从实用

1　密斯 · 凡德罗（Mies van der Rohe，1886—1969），美籍德裔建筑师，希格弗莱德 · 吉迪恩在他的《空间·时间·建筑》一书中将他与前文提到的柯布西耶、格罗皮乌斯以及弗兰克·劳埃德·赖特、阿尔瓦·阿尔托并称“现代主义建筑五大师”。密斯为玻璃盒子建筑的广泛流行做出了重大贡献，被誉为钢与玻璃建筑之王。1921 年，他在一个柏林高层办公楼设计竞赛中提出了玻璃幕墙摩天楼方案，又在 1922 年进一步提出了一座高 30 层、完全用玻璃外皮做成的自由平面塔楼方案，该方案模型当年在大柏林艺术展览会的“十一月学社”展出，受到了广泛的注意。

的意味而使用玻璃。[1]总之，在玻璃的浪漫时代，乃仅为了其材料的魅力而好奇地使用。入了写实时代，就从实际的要求而使用。玻璃建物阳光丰富，适于卫生；又光线充足，增加工作的能力。这两点最合于现代建筑的合理主义的要求。故凡德罗与勒·柯布西耶的主张，广受世间的赞许。据评家所说，玻璃建筑有普及于全世界的可能，我们且拭目以待之。

从坟到店，现在已经讲完。建筑决不会永远停留在店上。以后向哪里去，难于预言；但看现代建筑的趋势，也可大约测知其方针。即未来的建筑的主要题材，大约不复是为少数人的建物，而是为多数人的建物。未来的建筑的形式，大约不复为畸形的，而为合理的。到那时，现在的摩天楼就会同金字塔一样成了过去时代的遗迹。

1　勒·柯布西耶为苏联设计的唯一建成的项目是莫斯科中央局大厦，设计于1928年。建筑的外立面是由粉红色凝灰岩覆层的不透明外墙与带状窗户和玻璃平面穿孔的外墙交替组合而成。这是第一个将他1926年所提出的现代建筑五要素理论（底层架空、自由平面、自由立面、横向长窗、屋顶花园）付诸实践的办公大楼，不仅与苏联的社会主义建设及苏联当时流行的“社会凝聚器”思想密切相关，而且完全迎合了社会主义文化的需求并展现了苏联的建筑工业化水平。

密斯·凡德罗 1922 年设计的
玻璃摩天楼方案

勒·柯布西耶设计的
莫斯科中央局大厦

勒·柯布西耶设计的
莫斯科中央局大厦效果图

本书所用参考书：

板垣鹰穗著《建筑的样式的构成》

板垣鹰穗著《艺术界的基调与时潮》

板垣鹰穗著《新艺术的获得》

板垣鹰穗编《建筑式样论丛》[1]

1　板垣鹰穗（1894—1966），日本艺术评论家，西方美术史研究者，在建筑、城市、摄影、电影等多个新表现领域开展评论活动。《建筑的样式的构成》出版于1931年，《艺术界的基调与时潮》出版于1932年，《新艺术的获得》出版于1930年，《建筑式样论丛》出版于1932年。

家住夕陽江上村一灣流水遶柴門種來
松樹高於屋借與春禽養子孫
子愷畫

丰子恺居住过的七个地方

王巨江　杨子耘

在《西洋建筑讲话》的末尾，丰子恺先生写下“本书所用参考书”，是日本学者坂垣鹰穗有关建筑与艺术的四本书，但这并不代表《西洋建筑讲话》主要是翻译的，书中的很多观点，如建筑与人生的关系、建筑与美术的关系、建筑的居住便利、建筑的宣传作用等，都蕴含着丰先生有关建筑的思想。

《西洋建筑讲话》是从“坟”“殿”“寺”“宫”“店”五个方面，从历史的角度来介绍和评论外国的建筑，那么，丰先生心目中理想的中国式建筑，或者说宜居的当代建筑，又是怎么样的呢？这从丰先生居住过的七个“屋”“堂”“楼”的居住便利、艺术审美与建筑特色便可大致窥见一二。

丰先生居住过的“屋”比较简陋，都是一层的，通常有个院子或者天井，如小杨柳屋、沙坪小屋、湖畔小屋；“堂”是两层的，如惇德堂、缘缘堂；“楼”有两层的，也有三层的，如星汉楼、日月楼。下面就让我们来看看丰先生的“屋”“堂”“楼”。

惇德堂

丰子恺先生的“堂”有两处：惇德堂和缘缘堂，两座堂相距很近，都在老家浙江桐乡石门镇上。惇德堂是丰先生儿时的记忆，那是丰家祖上留下来的，是一座破旧的两层楼房。丰先生的父亲丰鐄中举人时“远近亲友都来贺喜”，“祖母天天扶病下楼来看”，由此推断惇德堂是两层楼房。丰先生是这样描述惇德堂与缘缘堂的：“惇德堂里面便是缘缘堂。缘缘堂后面是市梢。市梢后面遍地桑麻，中间点缀着小桥，流水，大树，长亭，便是我的游钓之地了。”惇德堂“高只及缘缘堂之半，其大不过缘缘堂的五分之一，其陋甚于缘缘堂的柴间”，但惇德堂“好比是老树的根，缘缘堂好比是树上的枝叶。枝叶虽然比根庞大而美观，然而都是从这根上生出来的”。

丰子恺漫画
《人散后，一钩新月天如水》

小杨柳屋

1922 年，24 岁的丰子恺由老师夏丏尊先生介绍，来到浙江上虞春晖中学教书，小杨柳屋就是他那时居住的地方。这是几间平房，有天井，背山，门前便是美丽的白马湖。为什么叫小杨柳屋呢？丰先生说：“这完全是偶然的：昔年我住在白马湖上，看见人们在湖边种柳，我向他们讨了一小株，种在寓屋的墙角里。因此给这屋取名为‘小杨柳屋’，因此常取见惯的杨柳为画材，因此就有人说我欢喜杨柳，因此我自己似觉与杨柳有缘。”原来在丰子恺漫画里经常可以看到的杨柳，与这寓所小杨柳屋有关。也不仅仅是画杨柳，著名的《子恺漫画》就是诞生于景色秀丽的白马湖畔，丰先生的成名作漫画《人散后，一钩新月天如水》就是在这里创作，并发表于朱自清、俞平伯一起主编的《我们的七月》杂志。

当时的邻居朱自清也感叹白马湖的美："我右手是小湖，左手是个大湖。湖有这么大，使我自己觉得小了。湖在山的趾边，山在湖的唇边；他俩这样亲密，湖将山全吞下去了。吞的是青的，吐的是绿的，那软软的绿呀，绿的是一片……"可以说，就是在春晖中学任教的经历，以及白马湖令人心旷神怡的景色，提供给文学家、艺术家丰富的创作灵感。朱自清写下散文《春晖的一月》《白马湖》等，丰子恺除了开始画漫画，还写下随笔《山水间的生活》等。

白马湖畔的小杨柳屋

小杨柳屋天井

修缮后的白马湖畔小杨柳屋院内

修缮后的小杨柳屋室内

缘缘堂

缘缘堂落成于1933年，丰子恺先生把他对于中国式建筑的理解，对于宜居家园的理想，都体现在缘缘堂的设计与建造上。丰先生在《辞缘缘堂》一文中写道：

> 缘缘堂构造用中国式，取其坚固坦白。形式用近世风，取其单纯明快。一切因袭，奢侈，烦琐，无谓的布置与装饰，一概不入。全体正直，高大，轩敞，明爽，具有深沉朴素之美。正南向的三间，中央铺大方砖，正中悬挂马一浮先生写的堂额。壁间常悬的是弘一法师写的《大智度论·十喻赞》，和“欲为诸法本，心如工画师”的对联。西室是我的书斋，四壁陈列图书数千卷，风琴上常挂弘一法师写的“真观清净观，广大智慧观。梵音海潮音，胜彼世间音”的长联。东室为食堂，内连走廊，厨房，平屋。四壁悬的都是沈寐叟的墨迹。堂前大天井中种着芭蕉、樱桃和蔷薇。门外种着桃花。后堂三间小室，窗子临着院落，院内有葡萄棚，秋千架、冬青和桂树。楼上设走廊，廊内六扇门，通入六个独立的房间，便是我们的寝室。秋千院落的后面，是平屋、阁楼、厨房和工人的房间。

为了缘缘堂的正直轩敞，丰先生还特意多花钱返工重建。当时丰先生正好有事出门，到回来时才发现已经

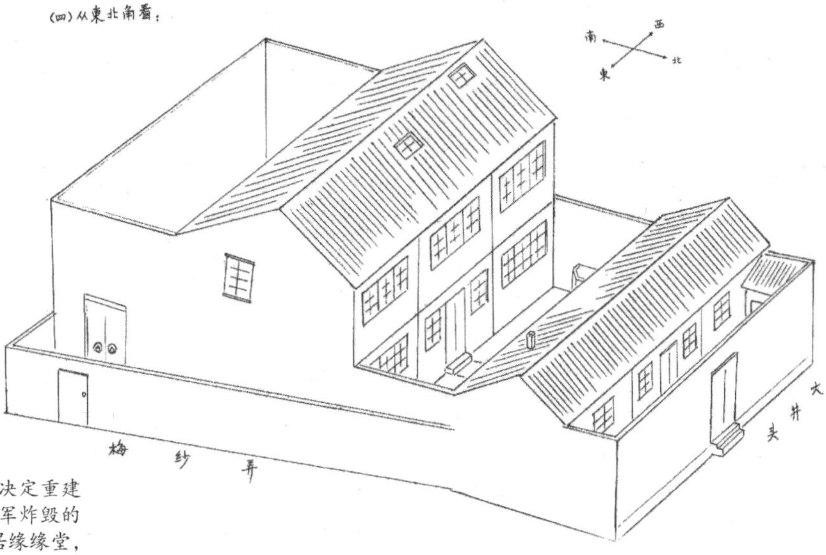

1985 年桐乡市政府决定重建
被日军炸毁的
丰子恺旧居缘缘堂，
丰先生的大女儿丰陈宝
回忆缘缘堂的建筑结构，
在家人协助下
回忆描绘草图供重建用

重建后的
缘缘堂天井
（姜光树摄）

竖起来的房子不是方形，是随着地基呈不规则的北窄南宽形状。这是因为造房子的人为了尽可能多利用地皮，把房子随地皮的形状建造了。房子的不方正对于艺术家的眼睛实在是不能容忍的。这种对建筑艺术美的追求，就像《西洋建筑讲话》第三讲“殿的艺术”中所讲的希腊人对于神殿造型美的追求一样。而《西洋建筑讲话》这本书也在这栋小屋中完稿。

那时缘缘堂的建造已近完工——砖墙已砌好，窗框已安装，墙壁已刷白，返工需要多花费好几百元钱。工人们和乡亲都劝丰先生算了，但丰先生坚持自己的意见：雇请人砖墙重砌，框架矫正。他认为，只有住正直的房子，才能涵养孩子们正直的天性。动工那一天，丰先生特意让孩子们请假到现场观摩，这种感受，是学堂里学不到的。

缘缘堂是丰先生的至爱：“秦始皇要拿阿房宫来同我交换，石季伦愿把金谷园来和我对调，我决不同意。”他还说，“你是我安息之所。你是我的归宿之处。我正想在你的怀里度我的晚年，我准备在你的正寝里寿终。谁知你的年龄还不满六岁，忽被暴敌所摧残，使我流离失所，从此不得与你再见！”日寇逼近，丰先生抱着“宁当流浪汉，不做亡国奴”的信念，率全家老少十余人，踏上了逃难之路。

重建后的缘缘堂大门
（姜光树摄）

星汉楼

星汉楼是抗战时期丰子恺先生在贵州遵义租住的两层新建楼房，那时他在西迁的浙江大学任教。这房子开窗便可看到美丽的湘江风景，丰先生傍晚临窗独酌，看到这月明星稀的江边景色，不禁吟唱起苏东坡的《洞仙歌》来——“起身携素手，庭户无声，时见疏星渡河汉。”这一句“时见疏星渡河汉”，与眼前的景色正吻合：宁静的河滩、清澈的江水缓缓流动，仰望星空，似静止却正在无声运转。酒后，他欣然起身提笔，写下“星汉楼”这个楼名。

丰先生在星汉楼居住近两年，教课之余他编绘了《子恺漫画全集》，寄上海开明书店出版。在全集的序言中，他说：“幸作者茶甘饭软，眼明手健，能在三十八天中描出四百二十四幅画。”这些画有的是旧作重画，有的是新创作的。

星汉楼风景优美，为丰先生的艺术创作提供了良好环境，却也有些不尽如人意之处——风景秀丽的地方往往被人用来作坟场，所以常有人办丧事抬着棺材从附近经过。家里孩子们看了觉得新奇进而模仿起来。丰先生的小儿子丰新枚（小名恩哥）与邻居孩子佩贞竟把一小凳翻个身，插上竹竿学抬棺材。更烦人的是那片河滩后来成了枪毙人的场所，一些贩卖鸦片的人被押到这里枪毙，一路上家属哭天抢地，令人毛骨悚然，即使门窗紧闭，那枪声还是让人心跳加速，最后，被枪毙的人尸体居然还停放在星汉楼西侧的大树下。这时候丰子恺的大女儿丰陈宝、大儿子丰华瞻考取重庆中央大学，在重庆住校；丰先生在日本结识的老友陈之佛先生又力邀他去重庆国立艺术专科学校当教授兼教务主任，所有这些因素促成了他全家迁居重庆。

丰子恺笔下的星汉楼：
走到对河，望见恩哥家里
姆妈[1]站在门口，
佩贞同房东团团在墙下玩。

山坡上许多人抬棺材，
恩哥和佩贞也抬棺材。
桂侯还抬不动，
跟着喊：
“恩育落朵好里呀！”

沙坪小屋

1942 年 11 月，丰子恺先生来到重庆以后，在重庆夫子池举办了生平第一次画展。丰先生用办画展卖

1 方言，即母亲。

画所得的五万多元法币，在 1943 年入夏前建造了一所简陋的住房，因地点在沙坪坝，遂命名为“沙坪小屋”。小屋虽简陋，却颇具乡野情趣，丰先生画了这幅《沙坪小屋图》。

那里有山有树有草地，有鸡有狗有大鹅，现在学校课本里读到的《白鹅》就写于这所简陋的小屋。据丰子恺的小女儿丰一吟回忆，沙坪小屋是丰先生亲自设计建造的，房屋坐落在院子的西北角。房间的安排也很实用，三开间，每间前后分为两室。中间的南房是客厅兼食堂，后面的北房是家人卧室。东边前房是书房兼卧室，后间也是家人的卧室。房间布置非常合理，但由于战时极度困难，建筑结构很差：墙壁是在竹片上抹泥，再刷上石灰，根本抵挡不住重庆的暑热与寒冷。

沙坪小屋距重庆不到两小时公共汽车车程，当时丰先生已辞去教职，不用为上班奔忙。房子刚造好时连电都没有，他在写作画画之余，便靠几台手摇留声机，在沙坪小屋欣赏交响音乐，以及梅兰芳的京剧唱片。

丰子恺绘《沙坪小屋图》，图上标示小图，并写明“他日先姊[1]来，即在此处缘造”

1　先姊即丰先生二女儿丰林先，当时已结婚，住在别处。

1946年7月3日，丰子恺率家人离开重庆返回江南。和沙坪小屋一样，丰先生用在上海大新公司（现上海市第一百货商店）二楼举办画展的收入共法币五百万元，在杭州西湖边的静江路85号（今北山路）租屋，命名为“湖畔小屋”。这座小屋其实并不小，共有五间房：三间正屋，天井左右各有一间厢房。东侧还有厨房等附属建筑，后又添造几间小房间，丰先生还为各房间取名，如“宜椿室”“宜萱室”。

湖畔小屋的地理位置绝佳，开门即可看到西湖著名景点孤山，丰先生看了这房子当即吟下下联“门对孤山放鹤亭”，后开明书店老板章雪村先生与叶圣陶先生又给补上了上联“居临葛岭招贤寺”。丰先生后来回忆起湖畔小屋，还写下数首梅花诗：

当年曾住水西涯，门对孤山处士家。
常怪阳春飞白雪，原来点点是梅花。

孤芳最早发湖涯，不与群芳共一家。
待得湖滨花如锦，枝头不复有梅花。

丰先生在这里接待前来杭州烧香的家乡亲友，还在这里与好友郑振铎先生共饮，一起回忆当年在开明书店的生活。丰先生的随笔名篇《湖畔夜饮》就是记录这段与好友的酒聚。西湖景美，但丰先生认为“夏天西湖上颇热，冬天西湖上颇冷”，在湖畔小屋仅居住了一年半，便离开杭州去了台湾。

1948 年，丰子恺与家属等共 13 人在杭州湖畔小屋门口留影

杭州静江路 85 号湖畔小屋门外

在丰子恺先生 1962 年写的《〈上海花鸟画选集〉序》末尾有这样一句："壬寅百花生日丰子恺序于缘缘堂之日月楼"，由此可以看出，在丰先生的心目中，日月楼就是缘缘堂，是缘缘堂的复活，是缘缘堂的延续，只是缘缘堂长个了，从两层楼变成了三层楼。日月楼是西班牙式联排别墅，地理位置绝佳，距离上海热闹又雅致的淮海路仅百来米，生活上极其方便，是一个闹中取静的好地方。

与湖畔小屋一样，丰先生走进日月楼便吟出一句下联："日月楼中日月长"。之所以称"日月楼"，是因为二楼的内阳台不但南面东面西面都有窗，顶上也有天窗，坐在阳台上可以看见星星月亮。至于下联所说"日月长"，那是丰先生早已疲于奔波，他选定这里安度晚年。有了下联没上联，同样有好友补上，国学大师马一浮先生给对上了上联"星河界里星河转"，并用篆体书写。这副对联就这样一直挂在日月楼的内阳台里。

在日月楼时期，丰先生担任公职并参加一些社会活动——任上海美术家协会（原华东美术家协会）副主席（1954 年），当选上海市人大代表（1956 年），任第三届全国政协委员（1958 年），任上海中国画院院长（1960 年）等，创作上也转向翻译工作，翻译了日本古典文学名著《源氏物语》等。

丰先生不赞成高层建筑，认为“这样的高于实用上非但无益，而且有害”。他认同建筑的美观还要与实用相结合：“过去的建筑常牺牲实用性而夸耀外观美，都是不合理的。合理主义的建筑，须并重卫生，住居的快适及形式的美观。”从丰先生一生居住过的这七处“屋”“堂”“楼”，我们可以看出，这些住处有的环境优美风景秀丽，有的出行便利且闹中取静，无不体现出丰先生对中国式理想建筑的一种追求。无论逃难途中的困难时期，还是胜利后安定平和的日常生活，这种追求始终存在，因为这是一位艺术家对于居住环境与建筑审美的追求。

注：本文作者王巨江系桐乡市丰子恺纪念馆副馆长，杨子耘系丰子恺外孙。

日月楼内阳台

西洋建築講話

豐子愷著

西洋建築講話
豐子愷著
開明書店
開明青年叢書

內政部著作權註冊執照警字第六六五〇號

西洋建築講話

民國廿四年十二月初版
民國卅八年四月新一版

每冊定價〇・四五

著作者　豐子愷
發行者　開明書店　上海福州路　代表人范洗人
印刷者　開明書店

(50P.) K　築

卷首言

從藝術上看，十九世紀是繪畫與音樂的時代，二十世紀已漸漸變成電影與建築的時代，立體派的名畫家中，有許多人已棄畫筆而改業電影。昔日的評家曾稱音樂爲「流動的建築」，今日的評家正在讚美建築爲「凝固的音樂」了。

一切藝術之中，客觀性最豐富，鑑賞範圍最廣大，而對於人生關係最切者，實無過於建築。故自古以來，建築美術的樣式對於人心有莫大的影響。近世藝術由藝術趨向人生，「實用藝術」的建築忽然勃興。今日的都市中，新奇的建物琳瑯滿目，好像開着建築美術的長期展覽會。辨別這種建築的美惡，探究這種美術的表現與背景，是二十世紀的人應有的要求。

爲此，一二八前數月，我曾開始作建築美術六講，擬連載於周予同先生所編之教育雜誌上。寫了三講，一二八事發，三講的原稿被燬於砲火，不留副稿，遂無心續作。最近數年來，世間建築美術愈形發達，時時使我回憶砲火中的三篇講話來。去秋發個大願，把燒燬的三講重新寫過，一定要牠刊出來。幸而沒有逢到第二個一二八，居然在中學生雜誌上登完了，現在結集出版。雖然重新寫出來的與前稿不同，但主題無異，這講話總算是死而復生。牠假如有知，應感謝我與中學生的「再造之恩」！

二十四年五月二十一日子愷記於石門灣

目錄

插圖目錄

第一講 從墳到店

資本主義利用藝術爲宣傳手段，產生商業藝術。社會主義也利用藝術爲宣傳手段，產生普羅藝術。現代藝壇就成了這兩種宣傳藝術的對峙的狀態。美國的辛克萊爲藝術下新的定義，說「一切藝術都是宣傳。」這話看來好像是專爲現代而說的，其實不但現代藝術如此，自古以來的一切藝術都是宣傳。讀過我的西洋名畫巡禮及西洋音樂知識的青年大概總記得：西洋的繪畫和音樂都是在中世紀的宗教時代發達起來的。詳細地說，西洋的繪畫和音樂都是被基督教利用爲宣傳手段，成了宗教藝術，——宗教畫，宗教樂，——因而發達起來的。我們只要看：聖書的故事畫到現今還有許多流傳世間，祈禱歌和讚美歌到現今還有許多人唱着，卽可想見這兩種藝術曾爲宗教宣傳得厲害。

藝術之中，爲社會政策宣傳最有力的，要算建築。因爲建築具有三種利於宣傳的特性，爲別的藝術所沒有的。

第一，建築這種美術品，形狀最龐大。別的美術品，如彫刻、繪畫等，無論如何比不得牠。因爲龐大，故最易觸目。繪畫、彫刻等不是一般人常見的東西；建築則公開地擺在地上，人人日日可以看見。因此建築所給人的印象極深。利用這種龐大的形式來作爲某種策略的宣傳時，最易收攬大衆的心。從前的皇帝住的地方必用極高大的建築，即所謂「九重城闕」，使人民望見這種建築物時，感情上先受壓迫，大家畏縮、震慴，不敢反抗他的專制。

第二，建築這種美術品，對人生社會的關係最爲密切。凡有建築，總是爲某種社會事業的實用而造的。故建築與事業有表裏的關係，不可分離。一切藝術之中，唯工藝美術與建築二者對人生有直接的用處。工藝品可供日常使用，建築可供居住。其餘的藝術，如繪畫、彫刻、音樂、文學、舞蹈、演劇等，都只供觀賞或聽賞，間接發生效用於人的生活，但不能直接供人應用。（繪畫雖可作亡人靈前的遺容，彫刻雖可作烈士的銅像，但也只供瞻觀而已。）故這些統稱爲純正藝術，而工藝美術與建築則特稱爲實用藝術。實用藝術的形式與內容關聯最切，公共機關、工廠、車站、郵局等，各有其特殊的形式。因了習慣及其形式的暗示，我們望見一種建築時會立刻想到或感到這建築所關聯的社會事業，心情在無形之中受牠的支配。廟貌巍峨，便是宗教要利用建築來引人信仰而作出來的特殊形式。中國古代佛教的隆盛，「南朝四百八十寺」等宗教建築的宣傳力有以致之。

第三，建築最富有一種親和力，能統一衆人的感情。故望見九重城闕的百姓會同樣地震懾，望見巍峨廟宇的信徒會同樣地肅然。跳舞場、咖啡店、旅館也會利用建築的親和力，作出種種的布置和裝飾來克服主顧的感情，藉以推廣他們的營業。建築的富有統一大衆的感情的親和力，是爲了建築由純粹的（無意義的）形狀和色彩構成，不訴於人的理智而訴於人的感情的原故。造形美術之中，繪畫和彫刻所表現的形狀色彩都有意義，只有建築所表現的形狀色彩沒有意義。繪畫可以描一個人，彫刻可以彫一條狗，但建築卻不能把房子造成一個人的形狀或一條狗的形狀在人的胯下開一扇門或在狗的眼睛裏開一扇窗而叫人走進去住。故繪畫彫刻是借用物象的形狀色彩來構成造形美的，建築則不借他物，就用粹純的形狀色彩來構成造形美。借用物象的藝術所及於人心的作用，一半是理智的，一半是感情的。不借用物象而用純粹形色的藝術所及於人心的作用，全部是感情的。換言之，繪畫和彫刻的表現一部分是說明的；建築的表現則完全是象徵的，（暗示的，例如用高暗示皇帝的權威，用黃色暗示宗教的莊嚴等。）感化人心，由理智不及由感情的容易，用說明不及用象徵的深刻。所以建築的親和力比其他藝術的特別強，最能統一大衆的心。上述三種利於宣傳的特性中，最後這一點「象徵力」爲最主要。

建築因有上述三種利於宣傳的特性，故自古以來，常被社會政策、政治企圖所利用，爲牠們作有力的宣傳。我們看了各時代或各地方的建築，可以從牠們的樣式上窺知當時當地的人的思想與生活。故建築可說是具體化的時代相。

從埃及時代到現代，世間最偉大的建築的主題，經過五次的變更：在埃及時代，最偉大的建築是墳墓，在希臘時代是神殿，在中世時代是寺院，在近代是宮室，到了現代是商店。人類最初熱心地造墳墓，後來變成熱心地造店屋。窺察其間人心的變化，很有興味。而且這種建築物現今統存在，墳、殿、寺、宮、店，好像五個「時代」的墓碑，記載着各「時代」生前的情狀而矗立在我們的眼前，令人看了感慨繫之。——現代的商業建築，像摩天閣、百貨公司等，也可說是墓碑，是現代「資本主義」的「喜葬」的墓碑。

我是預備把上面所說的五種大建築的情狀在以下的數講中一一地詳說的。但現在先在這裏概括地說一說，當作緒論。

在金字塔牌的香煙殼子上，就可看到四千年前埃及人所造的墳墓大建築——金字塔的樣子。這種金字塔建在埃及尼羅河畔的沙漠中，是埃及隆盛期諸帝王生前自己建造的「喜葬」。這種建築物的偉大，令人喫驚：其最大者，那三角形的頂點高約五百呎，一邊之長約八百呎。用重二噸半的石頭二百三十萬條，由十萬人在二十年中造成。這種大墳墓，當作建築藝術觀賞其形式時，只見極大極高極厚，除了一個「笨」字以外想不出別的字來形容。埃及隆盛期的帝王和人民，爲甚麼肯把心力浪費在這樣笨的建築上呢？這是因爲雖然號稱隆盛期，人智究竟未曾進步，帝王笨，百姓也笨的原故。帝王握得了絕對威權，高踞在寶座上受萬民參拜之後，心中想道：「我貴爲天子，富有天下，難道也同蟲豸般的百姓一樣地要死？我死後一定會活轉來。趕快派十萬百姓給我造墳！要造得極高極大！萬一我活不轉來時，也好教百姓看了我的墳戰慄，不敢造反。」古來的帝王貪戀威福，大都作這樣的感想。秦始皇、漢武帝等都訪求不死之藥；齊景公遊牛山，北臨其國而流涕，希望自古無死，使他可以久坐江山。這都是同樣的笨；然而埃及的帝王笨得聰明而且兇：他能利用那龐大的實用藝術的親和力來鎮伏萬民的心，使他們在這個君主絕對威權的象徵物之下，永遠瑟縮地臣服不敢擡頭。不要說當時的埃及人民，就是教現在的我們，一旦到了尼羅河畔的大沙漠上，仰望這個「君主絕對威權」的大墓碑時，恐怕也要吐出舌頭半晌縮不進去呢！這是上古政教一致，君主專權時代的「大」建築。現代商業都市的「大」建築，顯然是模仿這種墳墓建築的辦法，以誇示金融資本的威權的。

希臘時代的建築，則用「美」來代替了埃及的「高、大、厚」而收攬民心。這也和希臘的風土人情相關聯：四千年前，埃及和愛琴海文化已經熾盛；然歐洲尚在長夜的黑暗中，僅爲新石器時代的民族的居屯地。其時中央亞細亞的原始民族逐羊羣而西南行，流入這天然形勝的希臘半島。他們受了高丘上的橄欖的香氣的薰陶，爲蒼茫的地中海和縹緲的愛琴海的靈氣所鍾養成了一種美的民族性。就首先爲歐洲創造光明燦爛的文化藝術。起初希臘久受波斯的侵犯。到了大政治家彼理克來史(Perikles)的時代，希臘聯盟國制勝波斯，就乘勢發揚國內的文化。彼理克來史是主張民主主義的人，就訓練雅典的自由市民，教他們建設起空前的文化來。其首先經營的，是修理先年被波斯軍毀壞的衛城。在這衛城裏建造大理石的神殿，以供養雅典市的守護神。當時雅典藉戰勝的餘光，掌握全希臘的經濟權，又集中全國一致的民主的共產精神，復與的氣象充滿了全都市。彼理克來史引導民衆，把全副心力集中於這神殿的營造上。那守護女神的彫塑，由當時大彫刻家斐提阿史(Phidias)擔任；神殿的建築由當時大建築家伊克底諾史(Ictinos)指揮。造形的優美，誠可稱爲空前絕後。那神像用黃金和象牙造成，姿態優美莊嚴無比。那神殿全用世界最良的大理石構成，各部力學的均整與視覺的諧調兩方並顧，作有機的結合。全部沒有一根死板板的幾何的線，那簷、柱、階，看來好像是直線，其實都是曲線。因爲希臘人民的審美的眼力非常銳利。幾何的直線，常因錯覺的作用而望去似覺不平或不直，故必須用相當的彎度補足錯覺，望去方纔完全平直。所以那種神殿建築粗看好像率直，不過是石基上立着一排石柱，蓋着石簷；其實優美絕倫，爲千古造形美術的模範。關於這事，以後分講中當再詳說。總之，彼理克來史適應了希臘人的明慧的審美眼的要求，建造這精美的神殿來集中人民的瞻觀，統一人民的精神。所謂守護神之殿，在意義上想來是迷信；但在形式上看來的確大有守護之功：黃金時代的希臘共和國的自由市民的心，是全靠這建築的美的暗示力所統御着的。可惜這種神殿建築，一部分被歷次的戰爭所毀壞，一部分的彫刻被英國人偸去供在大英博物館的愛琴室中，現今雅典本土所存在的只有破損了的一部分。雖然破損不全，仍可個中見全，由此想見黃金時代的盛況。所以詩人拜輪憑弔希臘，慷慨悲歌，寫成有名的哀希臘的詩篇。

希臘之後，羅馬隆盛，但羅馬人注重物慾，不甚講究藝術，故雖有劇場，浴場等大建築，少可稱道。羅馬帝政衰而基督教興，首先提倡基督教者是有名的君士坦丁大帝。他把基督教定爲國教，國王就是教王，國民都是教徒。這是利用宗教來維持帝業。爲欲永固帝業，非宏揚教法不可。於是歐洲一切文化藝術，都受了宗教化。自十二世至十六世紀之間的建築，差不多全部是寺院建築。寺院與神殿有分別：希臘的神殿，裏面只供神像，參拜者都在殿外。所以神殿不必大，但求眺望的美觀。中世的寺院，則供養聖像之外，兼作教徒祈禱禮拜之所。故地方必須較大，且兼求內外形式的美觀。基督是升天的，教徒的靈魂的歸宿處是天上。故寺院建築的形式便以「高」和「尖」

爲特色。屋頂塔尖高出雲表，好像會引導人的靈魂上天似的。遠近的人民眺望這等寺院，不知不覺之間其心受了建築形式的暗示力的感化，對於基督教的信仰便一致地強固起來。這種寺院建築有種種派別，但其中最能盡量發揮「高」和「尖」的特色的，要算哥特式(Gothic)。那種寺院現今留存在法蘭西、意大利等處的很多很多。其形式，爲了極度地要求垂直的效果，不用粗的柱子而用許多細柱合成的柱束；又不用壁，柱束之間統用尖頭的窗，因爲尖頭可以引導人心向上。室內用許多尖頭的環門，屋頂上用許多很尖的塔。故遙望哥特式的寺院，好像一叢雨後春筍，又好像一把火燄。當時這種建築樣式不限於寺院，凡城郭、學校、公所、邸宅，都受牠的影響，而在意大利地方，這種「尖」「高」的建築術尤爲發達。他們一味求高，不顧力學的限制而冒險地試建，有幾處寺院竟是中途停工。違背建築的構成的約束而浪漫地偏重形式，其結果必然失敗。故哥特式建築樣式不久跟了教會權與封建制的衰落而被廢棄，後來同歸於盡。現在我們遊觀巴黎、倔倫，但見Notre Dame de Paris, Cologne Cathedral（巴黎聖母院、倔倫本山）矗立在廣場的殘陽中，告示着過去的光榮。

以上三時代的建築，都是宗教建築。但因了時代精神的不同，建築形式亦大異；埃及的墳無理地要求「大」，爲建築藝術的搖籃時代的作品，其實不能算是完全獨立的美術。希臘的神殿方爲建築藝術獨立的開始，在形式美的一點上，可謂登峯造極—哥特式的寺院建築把精神翻譯爲視覺形態，一味探求高的神祕，可說是浪漫風的宗教建築。

文藝復興時代的建築，主題仍以寺院爲主；但樣式變更，廢棄哥特式的浪漫，而取古典式的安定。不復千遍一律地崇尙一種樣式，依作家的個性而自由創造各種作風。總稱之爲「復興式」。但文藝復興時代，歐洲藝術以繪畫彫刻爲主流，故建築不甚有名。

文藝復興以後，建築的主題忽由宗教改向人生。但這人生不是民衆的人生，是少數統治者們的人生；卽建築的主題便由寺院而變爲宮室。

宮室建築於十七世紀中興於法蘭西。十七世紀是「王權中心時代，」當時法蘭西王路易十四世，是近代專制君王的好模範—他卽位後的宣言，是「王者有統治的天權，人民不得參政，」於是大興宮廷建築，意欲把世界中心移到法國。其建築樣式卽稱爲「路易十四世式」。這種建築樣式華麗、繁瑣、多曲線、多裝飾，建築的構成部都用裝飾遮隱，外觀注重繪畫的效果，內部裝飾非常纖巧奢華，實爲近世巴黎的浮誇風俗的起源。當時路易十四世曾設立一個美術學院，專門養成「路易十四世式」的美術人才。巴黎有三大建築，除前述的巴黎聖母院外，還有羅佛爾宮（Louvre）及維爾賽宮（Versailles）的兩座宮室建築，這兩宮都是路易十四世所完成的。維爾賽宮，集合許多建築家、彫刻家和畫家，共同完成，尤爲十七世紀宮廷建築的模範。其形式穠麗纖巧，琳瑯滿目。從前寺院建築時代的神祕高尙的氣象，到這時代一掃無餘。這時代的建築，只有濃重的現世幸福的氣象。路易十四世死後，次代的路易十五世變本加厲地擴張這種建築式樣，宮室的裝飾愈加濃豔，其樣式特稱爲「攝政式」(Stil Régenee)。奢侈之風流入民間，上好下效，國風日趨淫靡。其次的路易十六世，趕緊收回以前的浮靡的樣式，而歸復於古典的安定。這是法蘭西大革命後的近代古典派的先驅，不可謂非路易十六世的功績。但三代的驕奢之報，集中在他一人身上，終於使他失卻了民心，犯了死罪。「宮廷建築」跟了他一同上斷頭臺。

路易十六世上了斷頭臺之後，十九世紀初，拿破崙就出來爲法國主政。政權上了這位古代英雄之手，槍花百出，歐洲被他打得體無完膚。趕快把他幽禁在孤島中，但是各國元氣斲喪，民生凋敝，從此人心不安。同時十九世紀科學開始昌明，工業因之而發達，交通因之而便利。生存競爭的幕就在這時候慢慢地展開。生存所競爭的是金錢。要金錢多，最好是經商。現代資本主義商業社會的基礎，就在這時候奠定。與人事社會關係密切的建築藝術，也在這時候開始商業化。建築在前代曾爲貴族的裝飾，到現在變成了商人的廣告。百尺的摩天閣，光怪陸離的玻璃建築，合抱不交的大柱的行列，統是寫字間、辦公所、旅館、酒樓、百貨公司、銀行的造形的姿態，統是商業的廣告藝術。北美財力雄富，世界第二大都市的紐約，尤爲商業建築森林。遠望那些高層建築，高大的墓碑，其無數的窗洞就像刻在墓碑上的一大篇墓誌銘。以前金剛的影戲片子在上海開映。（爲未曾看過這影片的讀者附註：這影片描寫一隻大猩猩擾亂紐約，毀屋傷人，爬到最高層建築的頂上捉飛機等情狀。）我坐在銀幕面前而把高層建築看作墓碑時，便見紐約全市墓碑林立，好像一個公墓。這種高層建築的形式，兼有了埃及墳墓的「大」和中世寺院的「高」，外加了現代的「新」和「奇」，所以形式的效果非常偉大。其新奇能挑撥人的注意，其高大能壓迫人的感情；作爲商業的廣告，最爲有效，可以誇示資本的勢力，廣受世人的信用。某建築家稱其所築的五十層的洋樓爲「商業的伽藍」(Business Cathedral)。這不但是形式上的比擬，在作用上，現代的商業建築利用形式的象徵力來擴張營業，也與中世寺院的利用形式的象徵力來引人信仰完全相同。而在建築材料的驅使上，在物質文明、機械文明的今日，比古代一切自由得多。十萬人扛擡二百三十萬條兩噸半重的石頭而在二十年中做成的事業，在現代決不需要如許人力和時間；況且現代有混凝土、玻璃、鋼鐵等更便利的建築材料，比較起古代事業來，眞是事半功倍了。所以古來建築術的進步，無過於今日。十九世紀的世界藝壇以繪畫、音樂爲中心，二十世紀的藝壇漸呈以建築爲中心的狀態。而古來建築藝術爲社會政策作宣傳的努力，亦無過於現代了。

以上已給西洋建築史描了一個大體輪廓。我們僅從建築這一端上觀察，卽可看見自來的人類社會（除了希臘黃金時代以外，）都有強權者出來壓迫民衆，巧立名目以收攬民心，而利用建築藝術爲其威力的裝璜宣傳的手段。

社會政策的要求，與造形美術的要求，要求實際生活的要求，三者常不一致。社會政策要求造極大的墳墓，極高的寺院，極觸目的摩天閣，爲其政策的助手。但有時爲建築的構成的必然性所難能允許，故埃及的金字塔要費二十年的勞役，意大利的寺院只得中途停工，北美的摩天閣反而不經濟。（註：摩天閣超過六十三層以上，因爲建築工料特費，反而不經濟。故超過六十三層以上的高層建築是全爲競爭廣告而造的。）而在羣衆的實際生活上，也並不需要這樣的建築，其理無須贅說。最近蘇俄的建築家，提倡尊重建築的實用性，不作無理的誇耀，不尙無理的新奇，而一以羣衆生活的實用的要求爲本。由此或將展出未來時代的建築的新樣式來，亦未可知。

第二講　墳的藝術

人世間的建築藝術的最初的題材，不是活人住的房屋，而是死人躺的墳墓。青年的讀者聽到這話覺得奇怪麼？現在我先把這原由告訴你們。

世間最古的建築藝術是墳墓，（尚未成爲藝術的初民時代的東西不算。）而這些墳墓都建在埃及。故埃及是文化藝術發達最早之國，而又被稱爲「墳墓之國。」現今你們倘到埃及去，還可在那裏看見許多偉大的墳墓建築。

埃及人爲甚麼這般熱心地建造墳墓？這是古代人的一種特殊的人生觀所使然的。

學過史地的人誰都知道：埃及是四五千年前建立在非洲的尼羅河沿岸的一個最古的文明國。世界最古的文明發源地有五，即亞洲的中國、印度、米索不達米亞，美洲的墨西哥和非洲的埃及。這五古國都在四五千年以前就有文化。而其中埃及文明開發尤早，據說在五千年前已有耕種獵狩等社會生活，而且已有象形文字。凡開化最早的國，必定具有氣候、交通、物產等種種便利。上述五古國，地點都在温帶或熱帶，動植物非常繁殖，生活很豐富；又其地都有河流，灌溉和交通都很便利；這些自然的恩寵，使人類建設了穩固的農業社會，而對於埃及，自然的恩寵尤深：那條尼羅河沿岸土壤異常肥沃，爲最佳的農業地帶。這河每年秋季必有水汜濫；但這水不是洪水，不爲人禍，卻使沿岸的農作地增加滋養。故水退以後，不須用勞力去耕種，五穀自會豐登。故埃及人環境最良，得天獨厚；其開化亦最早。

但他們飽食暖衣之後，坐在茂盛的棕櫚樹下眺望自己的環境，退省自己的生活，忽然覺得恐怖起來。因爲非洲北部是荒涼的大沙漠，只有他們所住的尼羅河沿岸一帶，奇蹟地展開着一塊綠野。他們的周圍都是黃沙白骨，死的國土。他們知道自己的生活端賴太陽與尼羅河兩者維持着；假如這兩者有一天越了常軌，譬如太陽忽然不出來了，或者尼羅河的水忽然乾了，他們這地方也會立刻變成黃沙，他們的人也會立刻變成白骨！「生」與「死」的對照非常強烈地印象在埃及人的意識中，於是他們對於自然就感到無上的畏怖。

畏怖自然，就產生自然神教。古代埃及人尊自然爲神，神中最大的當然是主宰他們的生活的「太陽」與「尼羅河」。此外，牡牛、狼、鷺、鷹、蛇、鱷魚、甲蟲等也是他們的神；魯迅先生用長竹竿打的貓，也被他們尊奉爲神。他們以爲這些神都能直接掌握人生的吉凶禍福，有求必應；所以他們所彫的神像，常把人形和動物形混合，例如人首獅身，人首羊身，是古代埃及彫刻中常見的形態。

奉自然爲神，就在自然中看出人生的意義來。他們看見那種甲蟲飛翔了一會之後，產卵在尼羅河畔的泥土中而死去。到了明年，泥土中又飛出許多甲蟲來。這樣一生一死地反覆下去，甲蟲永遠存在，沒有滅亡的時候。又看見尼羅河畔的水草，一榮一枯，也永遠活着，沒有滅亡的時候。他們以爲這暗示着一切生命死了都能「復活，」人當然也是如此。他們看見人死了，確信他將來一定會復活；於是設法把他的死骸好好地保存，以便將來復活時靈魂仍舊歸宿進去。他們又確信人死後依舊生活着，不過不是活的生活而是「死的生活；」於是設法給他建造「死的住宅，」好讓他死後依舊安樂地生活。他們以爲這是人生重要不過的大事，把全部精力集中在這工作上。於是，從這特殊的人生觀產生特殊的藝術：死骸保存就是造「木乃伊，」死的住宅就是墳墓埃及的墳墓，完全是模仿住宅而建造的。

最初的墳墓建築叫做「馬斯塔罷」(Mastaba)，是埃及第三王朝以前，大約西曆紀元前四千五百年頃所盛行的。所謂馬斯塔罷大體像我們現在所見的墓，不過大得多，而且上面成平臺形，是石造的。近地面處有入口，裏面是地下室，室中陳設非常富麗，有各種的供物，有各種的器具；壁上裝飾着華麗的彫刻和繪畫，內室有死者的家眷的彫像，或坐或侍立，宛如生人一樣。最裏面的地下室中，躺着死者的遺骸——木乃伊。這宛如一所住宅，不過宅中的人都是死的。

第三王朝以後，墳墓藝術大大地發展起來，其建築形式就由馬斯塔龍一變而爲「金字塔」(Pyramid)。現在先把這種藝術出現的時代說明：埃及建國凡二千餘年，共歷三十王朝，分爲古王朝、中王朝、新王朝和末期的四個時代，我們可列一個簡明的年表如下：

時代	王朝	年代	
古王朝時代	自第一王朝至第十王朝	自西曆紀元前三二〇〇至二一〇〇	金字塔時代
中王朝時代	自第十一王朝至第十六王朝	自西曆紀元前二一〇〇至一五八〇	
新王朝時代	自第十七王朝至第二十王朝	自西曆紀元前一五八〇至一〇九〇	
末期	自第二十一王朝至第三十王朝	自西曆紀元前一〇九〇至三三二	

其中古王朝是埃及最繁榮的時代，同時也是金字塔建築最盛行的時代。英主古夫(Khu-fu第四王朝，)卡夫拉(Khafra第四王朝，)門卡拉(Menkaura 第五王朝)都在這時代出世，都盡力於金字塔建築，故古王朝又被稱爲「金字塔時代。」中王朝是埃及中興時代，木乃伊製

造的技術在這時代最爲精進。新王朝是埃及人擊退東方民族的侵略，而國民運動勃興的時代，金字塔木乃伊的藝術到這時代開始衰亡。末期埃及爲外國勢力所支配，民氣不振，終於被亞歷山大帝所併吞。

金字塔是古王朝時代盛行的建築，但其滅亡在於第十八王朝（新王朝時代初葉）。故我們可說埃及全時代的上半是金字塔建築出現的時代。就中最偉大的金字塔，便是第四王朝的古夫王、卡夫拉王，及第五王朝的門卡拉王自己督造的墳墓，總稱爲「三大金字塔，」請看插圖。三大金字塔，建設在尼羅河下流的基才（Gizeh）地方的附近。是西曆紀元前約三千年的建築物，至今已有五千餘年的歷史，但還是非常堅固，毫不受「時間」的破壞，於此便可想見當時建築工程的偉大。材料全部是極堅硬的石灰巖，中央用帶黃色的石灰巖。外部蓋以白色的石灰巖。

就中最高大的一個金字塔，是古夫王之墓。高四百八十呎，三角形的邊長七百七十五呎，斜面的角度爲五十一度五十分。人走近去，只及塔高的約百分之一；繞塔散步一周，費時半點鐘以上。其高大由此可以想見。所以建築的時候，所費的石材和工程，數目也可驚：計用二噸半重的石頭二百三十萬條，由十萬人於二十年間造成。這是古夫王生前自己指使百姓建造的，當時埃及人一方面畏怖自然，一方面又研究自然科學已很發達，數學、天文學等都有可觀的成績。故建築工程也非常進步這二百三十萬條大石頭的鑲合，十分精密，分毫不差；全體的形式十分正確，表示着莊嚴偉大的均齊對稱的美；墳墓內部的構造與裝置十分堅固而周詳。其橫斷面如上圖：

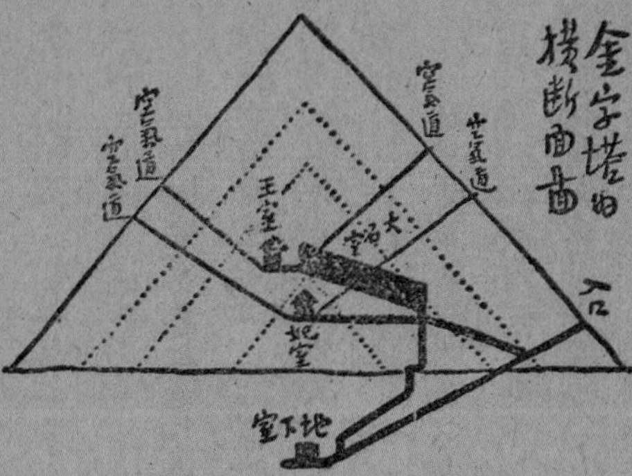

從這圖中可以看見，墳墓的入口是離地面很高的。向下走了一段路，到了歧路口；再向下是地下室，彷彿人家的僕役室、汽車間之類；折向上便是死者的住宅。先來到一間廣大的石室，這彷彿人家的廳堂。這廳堂的裏面，便是古夫王的寢室，內有王的棺材，和王生前愛用的種種物件。廳堂的下面，是王妃的寢室，也有王妃的棺材，和王妃生前愛用的種種物件。各室都有通氣裝置，如圖所示，像天窗一般，一直通達金字塔的外部，使空氣可以交流，古夫王和王妃的鬼住在那裏不致氣悶或受潮溼。各室四壁都是彫刻和象形文字，記錄着古夫王生前的勳業與功德。

圖中其餘的兩個金字塔較小：卡夫拉王的高四百五十呎，門卡拉王的高二百十五呎。構造大致相似。

金字塔裏面最重要的東西，當然是死骸。埃及人的死骸用藥品香料泡製過，可以永遠保存，神色同生前一樣。這種死骸就是木乃伊。帝王的死骸，當然製得尤加講究。某考古學者讚歎埃及帝王的木乃伊工作的精美，說「倘使他的臣下復活轉來，一定能夠立刻認識他們的大王的天顏。」埃及人的造墳墓與製木乃伊，原是爲了死者的死後生活的幸福，及復活時的靈魂的歸宿。所以墳墓完全模仿宮室住宅而建造。木乃伊則力求其同生前無異。若製法不精，腐爛或變形了，將來靈魂歸來時認不得自己的軀殼，非常危險。帝王的木乃伊關於這一點顧慮尤加周到，除精製的木乃伊以外，棺材的蓋上又刻着非常肖似的死者的彫像。萬一時間過得太久，木乃伊朽腐了，而靈魂歸來找不到栖處的時候，就可用棺蓋上的彫像作爲軀殼的代用品，使靈魂歸宿進去，復活起來。棺材之外，室中又必陳列死者的許多肖像或彫刻或繪畫。這些肖像的作用也無非是求復活時的安全，使靈魂歸來時容易找尋自己的歸宿所。這種墳墓建築在現今的我們看來，正是一所古代生活的博物館。卻不道當初建設的時候，其用意是這樣地可笑的！

試看前面的圖中，三大金字塔的旁邊還有個奇怪的大彫刻，人面獅身，其名爲「史芬克斯」(Sphinx)。關於這怪物，有種種的故事。普通傳誦的，說這本來是一個活的怪物，住在山中的路旁，見有行人經過，就給他猜謎，猜不着的須給牠喫掉。牠的謎是：「起初四隻腳，後來兩隻腳，末了三隻腳，是甚麽東西？」行人都猜不出，被牠喫掉，白骨在牠的身邊堆積如山。後來一個聰明人猜着了，說這是人，人幼時匍匐而行，好像有四隻腳；稍長會立起來，就變成兩隻腳；老了扶着拐杖走路，就好像有三隻腳。謎猜着了，這怪物忽然死去，化成石質，就是現今的 Sphinx。這故事，諸君在英文教科書等處，一定更詳細地讀到過。但埃及的 Sphinx，意義與這不同：如前所說，埃及人信奉自然神教，牡牛等動物被他們尊爲神的化身。故他們常把人的形象和動物的形象混合起來，創造一種奇怪的神像。Sphinx 正是這種神像之一例。

三大金字塔旁邊的 Sphinx 是何時何人所造，歷史的記載也沒有確定。有一說，這是在三大金字塔以前的建物，其用意是要牠蹲在尼羅河岸上守視河水的；另一說，這是卡夫拉王所造的太陽神的象徵，或握着絕對威權的埃及帝王的象徵；人面獅身，即表示其兼有人的智慧與獅的勇力的意思。此二說不知孰是？總之，是一種極偉大而奇怪的神像。這東西離開大金字塔約九百呎，其身體長一百五十呎，高七十呎，前足長五十呎，兩前足的中間抱着一所殿堂，殿堂裏又供着神像。阿剌伯人到埃及來，看了這大怪物害怕得很，稱之爲「恐怖之父。」這石彫的工程雖無記載，但是我們可想見其浩大，當不亞於金字塔。

為了一個人的死骸安置的問題，要驅使十萬人服二十年的勞役。這種專制的手腕遠在築萬里長城的秦始皇之上！如前講「從墳到店」中所述，埃及是專制的國家，帝王有絕對的威權，人民都絕對地服從。故帝王的墳墓造得越高、越大、越厚，其對於人民的壓迫的暗示力越強。這樣看來，「復活」之說也許是愚民的一種策略。宗教是往往被支配者利用為擴張權勢的手段的。

埃及藝術有二大動機，一是墳墓的藝術的要求，一是自然神教的藝術的要求。由前者產生金字塔，由後者產生神殿。在古王朝、中王朝時代，這兩者是分開的；到了新王朝時代，國內羣雄對峙，不復如前的集權於一人，因此大金字塔的營造也就被廢，墳墓改用巖窟或與殿堂合一，叫做「墳墓殿堂」。前面說過，埃及的墳墓是模仿住宅的。現在又須知道，埃及的殿堂是世界的縮圖。那石造建築的內部，天花板上塗青色，點綴着許多星，這是表示天的。楣的上部彫着鷹，鷹是埃及人的神，這等神守視着下界。壁的下部描着或彫着波浪花草，表示地面上的河流。埃及國土分南北二部，埃及的殿堂建築亦分為二部。一所殿堂是一個天下的縮圖。講到建築的偉大，同金字塔一樣地可驚。現在把最偉大的卡爾那克神殿附說在下面。

從開羅（Cairo）溯尼羅河上行三百哩，到了推裴（Thebes）。這是新王朝時代的藝術中心地，位在尼羅河的東岸。世界最大的宗教建築卡爾那克（Karnak）神殿就建在這地方。這神

埃及神殿正面圖

殿建築始於第十一王朝；（紀元前約二千一百年頃，中王朝初葉）至第十二王朝更加擴大；到了第十八王朝（新王朝初葉）營造最爲熱心，大致臻於完成。後來第二十王朝（新王朝末葉）諸帝王又屢加增修。前後共歷數百年方始完成。但大部的工作是第十八王朝的托托美斯（Thotomes）大帝所經營，故不妨說這神殿是新王朝時代的遺物。

現在把埃及神殿的正面圖揭示如上。讀者看了殿的門前走着的兩個人的大小；便可想見殿的高大，但這是後人根據遺物及記載而想像出來的圖樣，並非卡爾那克的實形。卡爾那克神殿現今早已圮壞，僅留存部分的遺跡。但其大體是取這種式樣的。

據記載，卡爾那克神殿的前面開闊是三百六十呎，深度是一千二百呎。門外大路的兩側蹲着無數獅身人面的

Sphinx，爲神殿的門衛，上覆深綠的棕櫚樹。殿自外而內，凡經六個巨門（Pyron）。第一個巨門最巨，幅三百六十呎，厚五十呎，高一百五十呎。門上彫着帝王的功業的圖說。門前左右一對方尖塔（Obelisk），塔尖上塗以白金，照在太陽中閃閃發光。塔的四周用象形文字記載着帝王的事蹟。門口有一對托托美斯大帝的大石像。又有一對大 Sphinx。殿內分三進：第一進，四周是巨大石柱，中央陳列着種種高貴的供物，如大瓶的香油，盛黃金的象牙的箱，肥大的牡牛、駿馬等。第二進，四周又是巨大的石柱，柱上刻着浮彫，是讚美神的恩惠的。第三進，是一個巨大而幽暗的柱堂，廣三百四十呎，深一百七十呎，共有大石柱一百三十餘根，分作十六列，中央二列石柱最大，直徑十一呎六吋，高六十九呎，柱頭作花形。左右兩旁各七列石柱稍小，直徑八呎五吋，高同上，柱頭作蕾形。關於這柱堂的巨大，傳記者這樣地描寫着：每根大石柱的蓮花柱頭上，可以站立一百個人。又說：巴黎的聖母院(Notre Dame de Paris)可以全部納入這柱堂內。各柱全體浮彫塗金，眞是莊嚴偉大！

神像供在這大柱堂的裏面的幽室中。其神稱爲 Amen-Re，就是最高神 Amen 與太陽神 Re 的合祠。大帝每年入殿祈神一次，儀式非常嚴重。

卡爾那克神殿的對岸，（尼羅河的西岸，）是有名的「死之都」，又稱爲「王墓之谷」

(Valley of Kings)。是新王朝時代諸帝王的墳所會聚的地方。前面說過，新王朝時代的墳墓不用金字塔形式而改用巖窟或殿堂形式。這王墓之谷便是墳墓殿堂的建築地。墓室都造在地下，室的四周是壁畫，室中陳列着「死者的書」，就是記錄死者的事蹟的。其中主要的，有亞美諾斐斯三世(Amenophis III 第十八王朝，)托托美斯一世 (Thotomes I 第十八王朝，)賽諦一世(Sety I 第十九王朝，)及拉美賽斯二世、三世(Rameses II, III 第十九王朝)的墓室。十九、二十世紀以來，這些古帝王的墓室常被考古學者所發掘，而從其中搬出許多寶貴的古物來陳列在博物館裏供人觀賞。當日的喪葬大禮，到現在只是一種觀賞興趣。人類的歷史何等滑稽！

古王朝是墳墓建築大盛的時代，新王朝是神殿建築大盛的時代。新王朝以後，埃及受外國人勢力的壓迫，國勢衰落，藝術亦無可言。到了西曆紀元前五百二十五年，埃及就被波斯所滅。不久其地又歸希臘；紀元前三十年，復由希臘人手中讓給羅馬。到了紀元六百四十年後，埃及各處點綴着簇新的回教寺院，已成為回教的世界，略如現今的狀態了。唯有那龐大的金字塔、史芬克斯和神殿遺跡，依舊蹲在那裏，直到現今。好像火車中要乘到終點纔下車的幾個長途旅客，一任旁的人上上下下，只管一動不動地坐在自己的位子裏。

埃及基才附近的金字塔及斯芬克斯

雅典城山全景（西北面）

巴爾推濃神殿遺跡（西面）

第三講　殿的藝術

這回要講的是希臘的神殿建築的話。希臘的神殿，是古今東西最精美的，最藝術的建築。我要講得稍長些。

開頭先得把希臘的國情講一講。

希臘人是全世界最「藝術的」民族。這與其國的天時地利都有密切的關係。牠的地點位在半熱帶上，氣候溫暖，五風十雨，故土地肥沃，生物繁衍。這是希臘文明的穩固的根柢。紀元前八世紀，希臘文明已經相當地發展。當時已有很進步的吟詠史詩，就是今日世間傳誦着的伊利亞特(Iliad)、奧特賽(Odyssey)等敍事詩。這種文學相傳是當時希臘的盲詩人荷馬(Homer)所作。這盲詩人自己彈着當時的樂器麗拉（Lyra）而歌唱這些詩。可知文學、音樂在希臘很早就發達。

希臘的地勢很特別：小小的山脈，好像葉脈一般分布在全國，把全國隔分爲許多小區域。住在各區域中的人民，猶似住在各教室中的學生，各自爲一羣而勵精圖治。然而其地三面環海各教室由海道交通又很便利，並不是完全聲氣不通的。因了地勢特殊的關係，希臘自然地變成「都市國家。」每一區爲一都市，希臘全國就由各都市聯合而成。都市國家的民風的特色，是缺乏意志的疏通而富有競爭的精神。所以各區域好像各小國，對外時聯成一家，平日卻互相比較、競爭，猶似學生的競爭分數。因此各區文化狀態不同。最顯著的，雅典人尚文，斯巴達人尚武。這是讀過歷史的人大家知道的。希臘地下富有良好的大理石，這是希臘建築精美的一種助力。南國空氣透明，使人民富有神性的觀念，也是希臘神殿建築盛行的一個原因。

希臘人的神性觀念與愛國心和藝術思想密切地相聯絡。這正是「希臘精神」的可貴的特色。所謂「希臘精神，」是一種愛國的自由自治的精神。但他們的愛國，不取自私自利的國家主義的態度，乃用宗教信仰的形式。而他們的宗教信仰，也不取嚴謹的唯心主義的態度，乃用藝術研究的形式。希臘人的愛國，經過了宗教的「純化，」與藝術的「美化。」而顯示一種非常調和的自由自治的精神。從古以來，國家人民的團結精神，未有盛於希臘者。希臘人視藝術同宗教一樣；敬神就是愛國。故國勢強盛時，宗教和藝術都發達。全國上下融和，精神與物質一致。自來羣衆生活的幸福，亦未有盛於希臘者。

希臘人因爲愛自由，故藝術爲他們的社會生活的必需之物。民衆的意識完全是「藝術的。」

為了「美，」大家忘懷了自己，把全身精力貢獻出來。故自來民衆藝術的優秀，亦未有甚於希臘者。希臘全島自從西曆紀元前七百七十六年開始，每四年舉行一次國民競技大會，叫做「奧林比克遊藝會」(Olympics)。這會在名目上是為祭大神 Zeus 而開的；其實他們在神前競技，藉以獎勵體育，提倡尚武精神。健康美是藝術的基礎，尚武精神是愛國的手段。所以在這遊藝會裏，宗教、藝術和愛國三位一體地融合着。在這競技中，體格的健美為優勝的根基。無論男女，第一要修養健康的體格。競技優勝的人，被照自己的身體彫刻一個裸體像，陳設在會中。裸體彫像就從這時候（前六世紀）開始盛行。在這樣的獎勵之下，健、美、強、光榮就合併為一物。故英國詩人基慈（Keats）詠奧林比克的勝利的詩中有這樣的句子：

'Tis the eternal law,
The first in beauty should be the first in might;

大意是說：「美中第一，即是強中第一。這是永遠的法則。」故希臘的藝術中，舞蹈發達得很早。舞蹈是一種很好的全身運動，而又表現出各種的姿態美。如沙翁所說，舞蹈是「四肢的笑」。在四肢的姿態上看來，我們平日行住坐臥，都是死板的，沒有甚麼表情。惟有舞的時候，四肢表出美的姿態，當牠一個臉孔看，就好像在笑。希臘人拿四肢的笑來敬神，比較起我們佛教裏的膜拜來，更爲自由而美麗。可見希臘是天生的藝術的民族。

希臘全國，如前所說，因小山脈的天然界限而區分爲許多小邦。其中雅典和斯巴達二邦文化最爲優秀。雅典人是屬於伊奧尼亞族（Ionia）的，斯巴達人是屬於獨利亞族（Doria）的。這兩族是希臘人中的最優秀分子，而性行顯著地各異。伊奧尼亞人尙文，獨利亞人尙武。故雅典文藝的昌盛爲古今所未有。雅典人信奉其明君比利克雷史（Perikles）的話：「理想卽實行。」故他們所有的美的理想，都結晶在藝術中而表現。他們的思想，可說是個人主義與國家主義的結合。尙武的斯巴達人，態度就完全和雅典人不同：他們完全是國家中心主義者。男子養到七歲就要走出家庭，被交託於政府。由政府施以合理的訓育，養成一個健全的國民。遇有戰爭，全國的人一致用他們的健全的身手去禦侮。保國先於保身，國亡寧可身死。斯巴達的母親們當孩子出征時，這樣地對他話別：「你此去不是持了盾牌歸來，必須用盾牌載了你的身體歸來。」敗歸是母親們所不許的。

這最優秀的二邦之中，雅典文明比斯巴達尤爲熾盛。雅典的全盛時代，在於紀元前五世紀。自紀元前四百六十六年至四百二十八年的四十年間，爲雅典全盛期的絕頂點。原因當然是國勢的擴張；自紀元前四百九十三年至四百四十九年之間，希臘與波斯人戰，屢獲大勝，而大功屬於雅典人文化的全盛就在這大勝之後開始。當時雅典的明主，是大政治家比利克雷史（見前。）他爲紀念優勝，粉飾太平，首先提倡重修雅典守護神之殿。希臘人本來是富於神性的，比利克雷史的計劃也是因勢利導。利用人民的神性來鞏固國家。國家的勝利是神的祐護所致，敬神就是愛國。讀者或將以爲這也是一種愚民政策麼？我以爲卽使是比利克雷史亦無罪。因爲他自己也只享受市民一分子的權利，與雅典全體市民平等。拿宗教藝術作爲收攬羣衆的心的手段，是眞的爲謀羣衆的幸福而收攬羣衆的心，正是最善良的嚮導者的所爲。

希臘人很早就有敬神的觀念。紀元前五百十年，希臘出了一個暴君，百姓受其虐害。當時有兩個志士名叫哈莫提烏斯(Harmodius)與亞里索葛登（Arisogeiton）的，仗劍入宮，殺了這暴君，爲羣衆除害。全希臘的人崇敬這兩位志士，當時請有名的彫刻家安推諾爾（Antenor）爲這二人彫像。像作拔劍奮起之姿，勇武可敬。後代的希臘人就供祀這兩個像，奉他們爲國土的守護神。希臘國勢果然日益強盛。後來波斯王討希臘，陷雅典。波斯人相信希臘的強盛確是由這兩個神像的祐護而來，便把牠們奪了去。希臘人也確信他們的強盛乃由神像祐護而來，以爲國民不可一日無此像，立刻另彫起兩個來奉祀，所以這兩個彫刻相傳有新舊二型。後來希臘有名的英主亞力山大帝征波斯，進軍的第一目的是奪回二神像。現今這像陳列在意大利那不勒斯的博物館裏；但是新型抑舊型，無從考知了。

希臘人對於神的信仰向來是這樣深摯的。所以比利克雷史打了勝仗，做了全希臘的盟主，
第一件事是重修以前被波斯人所毀壞的雅典城山 (Aeropolis) 上的神殿。

所謂城山，是雅典市西南方的一個孤丘。形勢很特殊：除了西面一個狹小的入口以外，其他
三面都是斷崖。其地面南北長五百十四尺，東西長八百九十一尺。雅典市本來就建設在這小小
的丘上，後來發展起來，移建在丘麓，而以丘為供奉神明之處。紀元前四百八十年，波斯軍侵入雅
典，毀壞了丘上的神殿。其後，自四百六十年至四百三十五年之間，比利克雷史大勝波斯，就在這
時候發起重修丘上的神殿。

丘上共有三處神殿：位在西側入口處的叫做 Propylon，就是「總門」。位在丘的北面的
叫做 Erechtheion，音譯為「愛來克推昂神殿」。位在丘的中央(稍偏右)的叫做 Parthenon，
即「巴爾推濃神殿」，為丘中的主要的建築，形體最大，工事最精，為守護女神的黃金象牙彫像
所供祀的地方，便是本文所講的主要題材。請看插圖的雅典城山全景：這是城山復舊後的全圖。
圖中有人拾級而上的地方，就是西面的總門。上方最高的一所柱堂（位在中央偏右，）便是巴
爾推濃；其左面（即北面）較低而遠的一所柱堂，就是愛來克推昂。但到了今日，這城山上的神

毀已大部分被毀，只留存殘廢不全的遺跡了。（見插圖）

如前講所說，埃及的帝王曾令十萬工人用二百三十萬條二噸半重的石頭在二十年間建造高四百八十六呎的金字塔。希臘人決不會做出這種笨舉來的，希臘人對於建築藝術不在乎「大」而力求其「精美」。圖中所示的巴爾推濃神殿高不過七十呎，然而材料和工作精美之極，自來美術史家稱頌之爲「人類文化的最高表象，」「世界美術的王冠。」讀者看了銅版插圖，聽到這種稱頌的話，最初一定懷疑美術史家的誇張。因爲圖中所示，只是支離殘缺的一隻破廟，怎麼當得起「最高表象，」「王冠」的讚辭？不錯，圖中所示的原是照相縮小了的遺跡圖。但當二千四百年前，這遺址上曾經載着世界無比的精美的藝術品。二千四百年來的天力的磨損或人力的摧殘，使牠變成了圖中所示的模樣。

這神殿建築動工於紀元前四百五十四年，前四百三十八年獻神，到了前四百零八年而完工，全部用世間最良的大理石，即所謂「奔推理克斯大理石」建成。（雅典北方 Pentelicus 山中所產的大理石，爲世界最良者。）殿作長方形，向西。正面和後面各八根柱子，兩旁各十七根柱子。內陣還有兩排柱，每排六根。中央供着守護雅典的處女神像，即 Athena Parthenon 神像。全用黃金和象牙彫成，右手執長槍，左手持盾，和平威嚴的一種女丈夫相。這像現今陳列在倫敦的

希臘神殿構造一例

大英博物館的愛琴室中。世界各處的大博物館中，都有同樣的複製品。因爲這是名手的彫刻。比利克雷史建造這神殿時，聘請有名的彫刻家斐提阿史（Phidias 前500?–432）爲工事總長，神像彫刻卽出於斐氏之手。又請二位有名的建築家，卽伊克諦諾史（Ictinos）與卡利克雷推史（Callicrates）。大理石的殿堂就是他們兩人設計建造的。看似只有一排一排的柱子，並無何等巧妙；然而這殿堂全體的姿態，以至各小部分的形狀，都是根據希臘人所獨得的極進步的美感的要求而精密地構成。以此被稱爲「世界美術的王冠，」「人類文化的最高表象。」現在再舉希臘神殿構造的一例，如上圖。讀者看了這圖，已可約略知道這種建築的精美。現在可把關於這建築的美術的設計約略地說一說，更使讀者知道其精美的所以。

希臘的神殿建築的式樣，稱爲「楣式建築。」楣就是屋頂下面的水平的橫木。在石造建築上就是一根橫石條。這石條的下面由許多柱支住，稱爲「柱列。」柱列爲楣式建築的主要部分。所以楣式建築的派別，常以柱列的形式爲標準而區分。這與埃及的神殿建築相同。不過埃及神殿的柱不在外面而在裏面，希臘則表出之在殿的四圍，其殿稱爲「柱堂。」埃及的殿較大，人走進殿內去禮拜；希臘的柱堂較小，裏面僅供神像，拜者都在柱堂外面的空地上。所以希臘的殿外觀非常注重，即柱列的形式非常講究。

希臘建築共有三種「柱式。」因爲創行於獨利亞、伊奧尼亞、可林德三地方，故稱爲：

（1）獨利亞式（Doric order）——健全

（2）伊奧尼亞式（Ionic order）——典雅

（3）可林德式（Corinthian order）——華麗

請看插圖這三種柱式，趣味各殊：獨利亞式的柱粗而矮，柱頭簡單，柱腳無底盤，全體樸素，堅實而莊重；以安定爲本位，故有健全之感。伊奧尼亞式的柱細長，柱頭作渦卷紋樣，柱腳有層層的底盤；全體輕快、玲瓏而洗練；以趣味爲本位，故形式複雜而有典雅之趣。可林德式比前者尤加複雜，柱身一樣細長，柱腳一樣有層層的底盤，而柱頭的紋樣比前者更爲細緻，彫着莨茖花（acanthus）

的葉子的圖案紋樣，用以連接柱頭和楣，楣上的彫工亦比前者複雜，全體富於華麗之感。這不是完全的希臘建築樣式，乃在希臘趣味中加入後代社會的新趣向而創生，流行的時代亦遠在亞力山大帝之後。故三種柱式中，前兩者是純正的希臘風，爲希臘全盛期建築所重用；後者是希臘末期的東西，遠不及前二者有價値。因爲以植物的葉子的圖案作爲柱頭裝飾，這部分有柔弱的感覺，好像不能承受上面的石楣的重量；既不「合理，」又使人起不安定之感。希臘人尊重「合理性，」不喜歡「華麗，」故可林德柱式不是純希臘風的建築形式。

後來意大利人又創造兩種柱式，即：

(4)塔斯康式 (Tuscan order) ——似獨利亞式

(5)混合式 (Composite order) ——似可林德式

合前三者，一共五種柱式，稱爲「西洋建築的五柱式。」圖中最後尙有一種是羅馬風的柱，稱爲羅馬獨利亞式；但無甚特色，只當作獨利亞式的一種變相。這圖是美術史家卻姆勃斯 (Sir W. Chambers)所繪製的。各柱式的長短、廣狹及裝飾，各自不同，而趣味亦各異。西洋建築上所用的柱式，大概不外這五種。

話歸本題。雅典城山中的二神殿，取兩種柱式：巴爾推濃取獨利亞式，愛來克推昂取伊奧尼

西洋建築五柱式

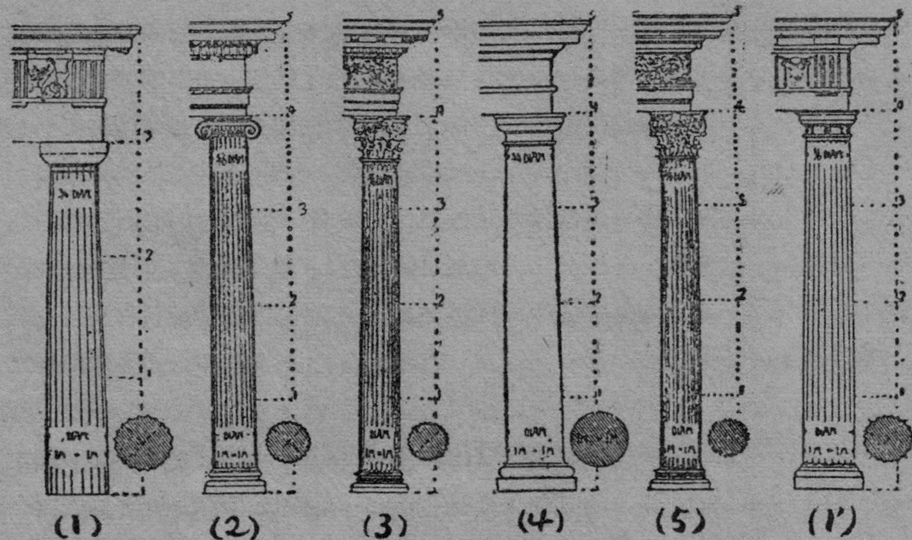

亞式。但希臘的建築藝術，不僅講究了柱式而止。關於巴爾推濃正殿全體的構成，兩位建築家曾經煞費苦心。他們爲求神殿形式的十全的美滿與調和，曾用其異常銳敏的視覺，於各部的大小、粗細、彎度及裝飾上加以種種精密的研究。其工作名曰「視覺矯正」(optical correction)。今舉例說明於下。

前面說過，希臘人是世界上最「藝術的」民族。故希臘人的眼睛的感覺異常靈敏。他們覺得幾何學的線，都不正確而且不美觀。因爲人的眼睛有錯覺，絕對的幾何的直線，有時看起來不是直的，有傷美觀，非矯正不可。這方法叫做「視覺矯正」。用銳敏的視覺觀看世間，自然界是十分調和美滿的有機體；機械的直線和幾何的形體，感覺非常冷酷，毫無生氣，簡直沒有加入大自然中的資格。故在南國的美麗的自然環境中要造一所十分調和美滿的建築，一切幾何的形體和線都不中用，非憑視覺的美觀去矯正不可。視覺矯正的重要者有五項：

(1)巴爾推濃的柱列，例如正面八根柱，照我們想起來總是垂直地並列着的。其實這八根柱子只有中央兩根垂直，左右兩旁的六根都向內傾斜，越近兩邊而傾斜越甚。實際上照下圖G的樣子排列着，上小下大，略似金字塔模樣。爲甚麼不一概垂直而要像G一般排列呢？這八根柱上面載着很重的石楣。在實際上，下面這許多大石柱頗能擔當這石楣的分量，毫無危險；但在感

希臘建築的視覺矯正

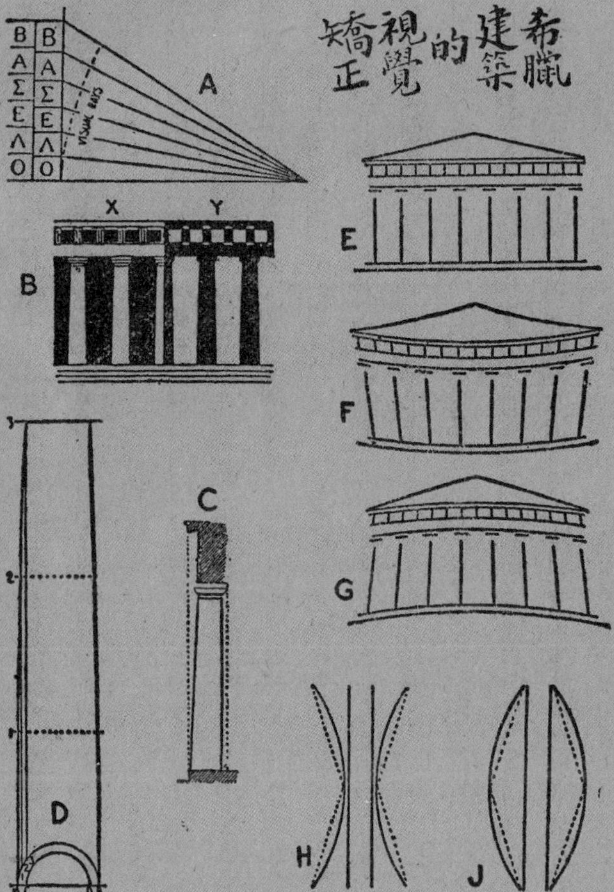

覺上，好像柱的擔負很重，難於勝任似的。所以你倘把這八根柱照幾何的正確而排列，例如同圖E，看起來就變成像F的模樣石楣壓迫下來，旁邊的柱子都被壓得向外分開，使人感覺危險，不安心。這是一種錯覺。欲矯正這錯覺，只有把八根柱子照G圖排列，上面向內收小些，以抵補錯覺的向外分開，於是看起來就覺得八根柱並行垂直，像E圖一樣了。但柱的傾斜之度極微。如C圖所示，就柱軸而論，全長約三十四呎的柱，柱軸頂向內傾斜約三吋。

（2）巴爾推濃的屋基(base)，即柱腳下的基石，照我們想來總是水平的直線；其實卻是中部向上凸起的弧線，如G圖所示。其凸起的程度：殿的前後兩面屋基長一百〇一呎，正中央比兩端凸起三吋。殿的左右兩面，屋基長二百二十七呎，正中央比兩端凸起四吋。其下面的階石三級，也跟了基石作微凸的弧線。但這些弧線的彎度，當然是微乎其微，漸乎其漸，就各部分看來仍是直線。只有從一端向彼端，同木匠司務一般閉住了一隻眼睛而探望，纔見中部微微凸起。爲什麼要使中部凸起？也是感覺的關係，因爲上方的石楣和石柱壓力很重，倘基石用幾何的水平直線如E圖，你望去會看見F圖的模樣，基石似被壓得向下凹，屋子似將陷落，很不安心的。故必須造成如G圖的向上凸，以補足其向下凹的感覺。於是眺望時就看見像E圖的正確的水平形了。

（3）巴爾推濃的柱，不是幾何的圓墻形，即兩旁不是兩根直線，卻用複雜的曲線包成。其曲線上方漸小，而下方漸大，如D圖所示。圖中下方AB為柱下端直徑之長，CD為上端直徑之長。中分三階段漸漸向上收小，全體沒有一段幾何的直線，都好像人體上的曲線，有彈力似的。這D圖的作法，名曰 Entasis，即柱體胴部膨脹法。為甚麼要如此？因為幾何的平行直線，看時會發生錯覺，好像兩端向左右分開，而中央細弱欲斷似的，如H圖所示。必須像J圖中部膨脹，方見兩直線正確平行。Entasis 即根據這種錯覺而來的矯正法。柱的上部負着石楣的重量。倘用幾何的直線，則中部細弱的錯覺使全體建築物顯出危險樣子，使看者很不安心。只有 Entasis 法的曲線，好像有生命的活物的肢體，穩妥地承受石楣的重量，使人感覺安定快適。這神殿便似一件天生的活物，完全調和於周圍的大自然中。

（4）巴爾推濃的柱列，不是每相鄰兩根距離相等的。又全體各部的裝飾，也不是像普通圖案的帶模樣一般地距離均勻的。他們根據了觀者的視線的仰角的大小而施以種種的長短廣狹的變化。故實際上各部大小並不均勻，而映入觀者眼中時十分均勻。仰角之理，如A圖所示：假定我們要在六丈高的壁上橫斷地劃分為均勻的六格，不可用幾何的方法把牠分為每格一丈。（如A圖中左邊上的自O至B。）我們必須使下面的格子小而上面的格子漸漸放大。（如A圖中右方的自O至B。）因為前者映入眼中時，覺得上方的漸小而下方的漸大。故必須把上方的漸次放大，方纔看見均勻的狀態。試看圖中的仰角的視覺線（visual rays）所示，壁上的格子實際上雖大小不均，但投影於眼中時，上面格子漸次縮小，成了與各視覺線相交的弧線（點線）上的狀態，卽各格距離相等而均勻了。巴爾推濃神殿各部的尺寸，都根據這仰角之理而加減伸縮，故感覺上十分美滿。

（5）巴爾推濃的柱，不是根根一樣粗細的。大概兩邊上的柱較粗，中部的柱較細。因爲凡物襯着明亮的背景時，看起來好像細些；反之，襯着黑暗的背景時，看起來好像粗些。如B圖中X及Y所示。這好比一個人站在野外時看似瘦些，站在門中時看似胖些。巴爾推濃兩邊上的柱，以天空爲背景；中部的柱，以殿堂的內陣爲背景。倘用同樣粗細的柱，眺望時必見兩邊上的柱異常細而中部的柱異常粗，很不美觀！故必須把兩邊上的柱加粗，把中部的柱縮細，以補足這錯覺，方纔看見各柱一樣粗細。柱上面的小間壁（metopes）也不是大小一致的，亦因背景的明暗加減其大小，亦如B圖中X與Y所示。

看了以上所述的巴爾推濃神殿建築的視覺矯正的五要項，誰不驚歎希臘人的造形美感的異常的靈敏？想像了這殿堂的十全之姿，而反觀我們日常所見的所謂建築，眞是草率了事，談不到「美術」的。想像希臘市民的豐富的美術教養，而反觀我們日常所見的人，就覺得他們的眼睛對於形式，氣度太過寬大：大小不稱，粗細不勻，都漠然不覺；曲了也無妨，歪了也不要緊，只要滿足了「實用」的條件，一切形式皆非所計較。氣度不是太過寬大麼？

話歸本題：巴爾推濃的建築，除了上述的視覺矯正之外，其他工事的精美，尙不可勝言。

柱的表面，都刻着細溝，每柱周圍二十溝。溝的作用，一則使柱增加垂直之感，二則希臘地在南歐，日光強烈，光滑的大理石柱面，反映太強，刺激人目，使起不快之感，故設細溝以減少反光。

柱的頭上，必加曲線，（獨利亞式的也必有一層曲線）其作用使柱與楣的接合處柔和自然，好似天成；因此柱可減少負重的感覺。

各部石材接合的地方，絕對不用膠（如水門汀、石灰等，）全用鑿工鑲合，毫釐不差，天衣無縫。故巴爾推濃全體好像一套積木玩具。假如有巨人來玩，可以把牠全部一塊一塊地拆開，再一塊一塊地搭攏來，而且希臘人非常講究力學，雖然構造上全不用膠，但非常堅牢。試看現今的遺跡的正確，卽可確信這神殿倘無人力的破壞，二千四百年來一定完好如初。

總之，希臘神殿建築的形式美，可謂十全。其中變化非常多樣，而全體非常調和統一，可謂「多樣統一」（variety in unity）的至例，故美術史家稱這神殿為「理想在奔推理克斯大理石上的結晶」，又稱之為「人類文化的最高表象」「世界美術的王冠。」

不幸而這世界美術的王冠，紀元之後就被戰爭所摧殘，經過了歷次的劫禍，成了第二圖的破廟的模樣。羅馬與基督教勢力侵入希臘時，雅典處女神就被放逐，巴爾推濃神殿被改用爲基督教堂。殿內外所有關於神的描寫的浮彫，（皆斐提亞史手作的）都被取除，而在那裏改裝了血腥氣的十字架。東羅馬滅亡後，希臘又歸屬於土耳其。巴爾推濃又改爲回教寺院；除去了十字架，而在四周立起回教建築的尖塔來。十七世紀時，土耳其禦外侮，以這城山爲要塞，以巴爾推濃爲火藥庫，敵軍的砲彈打進殿中，火藥爆發起來，殿的中部墜落。這是千六百四十五年的事。十八世紀末英國駐土耳其大使愛爾琴(Lord Elgin)惋惜這等古代美術的淪亡，出些錢，向土耳其人買了殿內可移動的一切彫刻，送到倫敦的大英博物館去保藏。這似是文化掠奪，但也幸虧他拿去，後來希臘獨立戰爭時得免損失。英詩人拜輪(Byron)卻埋怨愛爾琴。當希臘獨立戰爭時，拜輪因熱愛希臘藝術之心，投筆從軍，到這殘廢的巴爾推濃神殿前來痛哭賦詩，在詩中詛咒拆去浮彫的愛爾琴和英國人。

關於巴爾推濃已經敍述完畢。其北面的愛來克推昂神殿，在美術上亦有可觀：殿由三部合成。東部爲伊奧尼亞式柱堂。正面六根柱，其北邊一根已被英人取去，今僅餘五根。柱高二十二呎，直徑二呎半，每柱有溝二十四條，柱頂作渦卷紋形式優美。柱堂內亦供典雅那守護神。北部也是伊奧尼亞式柱堂，前面四根，餘不明。東部意匠非常特別，叫做女身柱堂。前面的四根柱，和後面兩旁的兩根柱，皆彫成女子立像的形式。像高七呎半，立在離地八呎的大理石基上。這前後六個女身柱，作對稱形：東邊的三個各左腿直立而右膝微屈；西邊的三個各右腿直立而左膝微屈。西面第二像已被英人取去，現在其原位上補裝一模造品。這建築不過意匠特殊，藝術的價值遠不及巴爾推濃。這殿堂在君士坦丁大帝時曾被用爲紀念堂。後歷遭破損。十九世紀中稍稍修葺，大致復舊。

第四講　寺的藝術

西洋的建築史，可說有大半部是關於寺院建築的。自四世紀至十七世紀的千餘年間，建築家所研究的題目老是寺院。故寺的藝術詳細地說起來，「洋裝一厚册」也說不盡。現在我只談談此種藝術的來由、概況和幾個著例。

殿與寺的區別，前者是以住神（神像）爲主的，後者是以住人（教徒）爲主的。前者是所謂「異教時代」的宗教建築，後者是基督教時代的宗教建築。異教就是異於基督教的宗教，像埃及的崇奉自然神，希臘崇奉守護神，在基督教看來都是異教。而基督教算是正教。

基督教的成爲正教，始於西曆紀元三百十三年。基督教徒在以前一直受羅馬人虐殺，後來他們幫君士坦丁大帝殺敵，獲大勝利，大帝就在三百十三年下「基督教徒保護令」。基督教徒感激之餘，幫他奪江山，愈加出力，終於使他在紀元三百二十三年上統一東西羅馬，獲得了絕對的支配權。這一年他又下令定基督教爲「國教」。這兩個令非同小可！千餘年間政治和宗教的葛藤，藝術和宗教的糾纏，皆從這時候開始。這可說是文化史上的一大轉機。

聖索斐亞寺

科倫大寺及其內部

米蘭大寺

聖彼德大寺的穹窿

基督教徒在被虐殺的時代，設禮拜堂於地窖中名之曰「卡塔可姆」(Catacomb) 即地下禮拜堂。到基督教被欽定爲國教之後就在地上建築寺院名之曰「龎西理卡」(Basilica) 即地上禮拜堂。這是最初的寺院建築，重在實用而忽略形式。六世紀以後基督教逐漸得勢起來，這種寺院建築的形式也逐漸進步起來，成爲華麗的「拜占庭式」(Byzantine)，與莊重的「羅馬內史克式」(Romanesque) 到了十三世紀的教權全盛時代，寺院建築也極度地藝術化，成爲錦繡的森林似的「哥特式」(Gothic)。十六世紀後商業都市興復古運動盛，宗教勢力開始衰落，寺院建築也漸漸疎遠宗教而取古典美的形式，成爲「復興式」。至十七世紀而寺院建築告終，轉入宮室建築的時代。自來藝術常被政治、宗教、社會運動所利用，巧妙地爲牠們作宣傳。建築因爲是「實用藝術」，被利用得更加密切。政治、宗教、藝術三者，在寺院建築中具象地連結着，給我們以種種回顧的興味。現在把上述的經過略加說明如下。

一　地下禮拜堂

這種寺院的出發點，是地窖。當四世紀以前，羅馬人疾視基督教，不許他們在地上建立禮拜堂，又屢次虐殺教徒，或令他們當奴隸，或把他們驅逐出境，甚或把反抗命令的教徒的身體用油脂塗裏，當作大蠟燭燃燒，以照明他們的狂歡的歌舞宴會。然而教徒的信仰心益堅。不許在地上建寺，他們就在地下設立機關，開一地窖，當作祕密集會之所。這就是所謂「地下禮拜堂」（Catacomb）。我國春秋時代的鄭莊公對他的生母說了一句「不及黃泉，無相見也，」後來懊悔起來，爲維持王者的言語的尊嚴，曾經「掘地及泉」和他的母親在隧道裏相見。西洋初期基督教徒的營造地下禮拜堂，和這件東洋歷史上的故事大致相類，不過前者是主動的，後者是被迫的。這些地下禮拜堂的壁上，鑿着許多龕。他們把被虐殺的信徒的屍體或骨片供養在龕中，而在那裏虔敬地祈禱。龕的裏面彫刻著種種教義的表號，例如草蔓、果實、花卉、小羊、鳩、小船等，各表示着一種宗教的意義。這些地窖便是他年的錦繡的森林似的大寺院的胚胎。

二 地上禮拜堂

君士坦丁大帝教徒護令一下，基督教徒重見天日，就開始堂皇地在地上建築寺院。這就叫做「地上禮拜堂」（Basilica）。這是寺院建築的萌芽，形式樸質，以實用爲本位。基督教徒受了長年的壓迫之後，一朝得勢，便毀壞異教的神殿，拿他們的石材來改建基督教寺院。這種寺院的建築法，與異教的神殿（例如希臘羅馬的神殿）不同。異教的神殿以供神像爲目的，拜禱的人都在殿外，故神殿不須顧到住人的「實用」，可以自由地講求美的效果，造成精巧玲瓏的像巴爾推濃（見前講）的殿堂。現在的基督教寺院目的就和牠們不同。他們是爲了人而造的，爲了教徒做禮拜而造的。這些寺院建築含有救濟衆生的使命，彷彿是教徒的集會所，是地上的天國。其造法當然以實用爲本位。因此這種建築完全反對向來的羅馬神殿的樣式，卻以羅馬的 Basilica 爲範本。所謂 Basilica 是一種公共集會處。皇帝的公廳、法庭、市場、民衆的會所，都包含在這建築裏面。其地基一律取長方形，一方的短邊的正中開着大門，其對方的短邊的正中設着龕。龕的前面設一小小祭壇。其餘長方形的廣場中全部是教徒祈禱衆生禮拜的地方。故 Basilica 在羅馬時代原是「裁判所」的意義，到了基督教時代就變成了寺院。外形相似，名稱相仍，而作用不同。只是內部構造稍異：東西向的長方建築物中，外面設一正方形的迴廊，於其中央設泉水。裏面的廣間有兩排或四排的柱列，縱斷地把這廣間區劃爲三個或五個的細長廣間，中央的一間兩旁的稍廣且高。祭壇就設在這中央廣間的裏面。像羅馬的 St. Maria Majore 寺，便是 Basilica 的遺構的一例。

這 Basilica 是寺院建築的基本形式。基督教文化漸次發展，寺院建築形式亦漸次複雜變化；但這基本形式始終不改。

三 拜占庭式

君士坦丁大帝統一羅馬後，即遷都於東部拜占庭(Byzantium)，這種寺院建築的基本形式跟了他東漸。後來建築法漸次進步，形式大加華麗，建築史上稱之爲「拜占庭式」，爲寺院建築的一種特殊的風格。其地的聖索斐亞(St. Sophia)寺便是一個代表，(第一圖)現在還完好地立在君士坦丁堡，(大帝遷都拜占庭後，改稱其地名爲君士坦丁堡。)這是大帝祀奉全能神而建設的，後經火災重建，完工於五百三十七年。其天井高一百八十六呎，全體塗純金，內有金銀七彩的大理石嵌細工(mosaic)，東方藝術的風趣極爲濃重。同地同風的建築非常發達，自成一種文化，稱爲「拜占庭藝術。」千四百三十五年，此古都爲土耳其所滅，這種文化散布各地。

Basilica 的寺院基本形式流傳到西方，又展出一種新形式，稱爲「羅馬內史克式」(Romanesque)。這種樣式比前者更爲新穎而健全，流傳的地方也比前者更廣，基督教寺院的建築形式到這時候纔確立。九世紀開頭，即紀元八百年，卡爾大帝在羅馬的聖彼寺中舉行戴冠式，爲基督教文化史上的第二大轉機。基督教文化中的有力的代表者的寺院建築在這時候開始脫離了古典的殘骸而創造新的北歐的樣式。

四　羅馬內史克式

最初這 Romanesque 式發展於意大利，次流傳於德國和法國，到了十二世紀而盛行於全歐。這是羅馬主義向北方的進展。這種建築形式莊重而典麗。外形上的顯著的特色，是環門（arch）形式的改變。向來的寺院用純羅馬式的半圓形 arch 自十字軍東征溝通東西文化後，東洋風的三葉形、馬蹄形的 arch 漸被巧妙地應用在寺院建築上，就成爲羅馬內史克形式。（後來的哥特式 Gothic 所盛用的尖頭 arch，便是從這裏出發的。）有名的比撒（Pisa）本寺、洗禮堂及斜塔（Campanile）便是屬於這樣式的建築。翻過美術史的人大概不會忘記了這奇怪的斜塔。這塔所屬的本寺建於十一世紀末，以 Basilica 式爲基本，加以拜占庭風的構造，和東洋風的裝飾。十二世紀中，又在其旁建洗禮堂和斜塔。洗禮堂取圓形的基地，全部用大理石建造，形式簡明而新穎。斜塔爲七層的圓筒形塔，頂上又有小圓塔，其傾斜幅有十三呎之大，望去好像要倒下來似的。這傾斜的原因，一說是故意如此的，又一說是工事中地盤沈落而使然的，不可確知其究竟。寺、堂和塔，形式都莊重而有藝術的統一，爲羅馬內史克式的佳作。這寺的圖，在他處很容易看到，這裏不必附加。羅馬內史克寺院的形式所異於前時代的建築者有三要點：第一，基督教勃興，教會制度複雜，參加祭禮的僧侶人數大增。在寺院建築上就有擴大僧侶住處的必要，故寺院的基地向來爲丁字形，到了羅馬內史克擴充而變爲十字形。第二因爲地盤廣大了，構造自然也變化。向來寺的上面蓋以簡素的天花板，現在改用環門式，相交叉的半圓形的梁的末端，安置在強固的支柱上，穩固而又活躍，富有「崇高」的趣味。崇高是與宗教精神相合，爲寺院建築的最適當的形式。寺院建築經過了這改革而始有藝術的統一。第三，是在建築的外形也施以美的統一。向來的 Basilica 因爲專重實用，只講究內部的布置，而忽略其外觀。羅馬內史克式則在外觀上求藝術的統一。其法就是添造高塔。塔是羅馬內克史式的最顯著的特色。凡寺院，必於本寺之旁添築高塔作爲本寺的一部分。其作用是用這高聳的形狀來籠罩全體，使全部建築集中於一點。向來的寺院遠望平坦，與普通房屋無甚大異，缺乏宗教的感覺，有了這塔，遠望全景優秀玲瓏，外觀上就不覺其爲實用的建築，而呈紀念建築的模樣。塔的個數不止於一，有的用三塔，有的用五塔，有的用七塔。

上述之點，爲羅馬內史克建築的特色。其中環門與塔二者，尤爲其藝術的統一的要素。環門向上隆起，使內部增加崇高之感。塔是指天的，使外部增加崇高之感。寺院的內容與形式至此開始作有機的統一。寺院從實用本位的 Basilica 出發，到了 Romanesque 而藝術化，再進一步藝術比實用更注重時，就產生哥特式。這是基督教權全盛期的產物，可說是寺的藝術的登峯造極。

五　哥特式

十三世紀中，教王權勢強盛。文化中心由羅馬移向北歐。就在那裏產生一種象徵全盛的教權的寺院建築樣式，即哥特式。

哥特（Goth）是蹂躪羅馬的一種野蠻民族的名稱。其藝術富有一種夷狄的風趣。哥特式寺院建築就是利用這種夷狄的風趣，為宗教藝術別開生面的。其特色如何？一言以蔽之，曰「高」。然而這高與現代商業大都市的高層建築的高不同。前者向天，後者着地。即寺院建築高而尖，有向上超昇之感；商業建築高而平，有着地堆積之感。故百幾十層的摩天閣在實際上雖然比哥特式的寺院高得多，但在感覺上層層堆積，沈重地壘置在基地上，似覺基地不勝其重而行將陷落似的；卻並無崇高的感覺。反之，哥特式的寺院實際上雖不及現今的摩天閣之高，然形似一簇怒放的春花，好像拚命地想從地上抽發出來而向天空生長。又好像一團火燄，勢將上衝霄漢似的。試看第二、第三兩圖，所示德國的科倫大寺（Cologne Cathedral）——這是哥特式建築的最大作，也是寺的藝術的代表作。所謂「錦繡的森林，」在這兩圖中可以看見。

這種建築形式，於十二世紀時萌芽於法蘭西，十三至十五世紀之間，風行於全歐。不但寺院建築上用之，一般的建物，如城郭、裁判所、會堂、學校、病院、邸宅，也都受這種樣式的影響。這樣式的特色是崇高而秀麗，形成這種特色的要素，是柱和尖頭環門二事。爲求增加垂直的效果，不用一根一根的粗柱，改用一束一束的細柱。又在屋頂上加尖高塔，使柱束上的許多垂直線因尖高塔的引伸而向天延長，至於無窮盡之境。柱束與柱束之間，不用壁而用尖頭環門形的窗，壁有板滯之感，足以減卻上向之勢，尖頭窗則可增加秀麗與崇高之感。寺的內部，無數的尖頭環門交互錯綜於上，仰望時似覺身在大森林中，全無屋頂壓迫之感。總之，哥特式建築全部沒有牆壁，只有細柱、尖窗和尖塔。幾乎沒有水平線，全體由垂直線構成。

從羅馬內史克式中抽出「高」的一種特色而擴張之，即成哥特式。寺院建築由樸素的地上禮拜堂進步而爲華麗的拜占庭式，更進步而爲端莊的羅馬內史克式，又進步而爲錦繡的森林的哥特式，宗教建築的發展就達於極點。這種極度發展的寺院建築，其結構的複雜，規模的壯大，可說是建築史上的一大偉觀！這種式樣的傑作多在北歐。法國的郎史寺（Reims Cathedral），巴黎聖母院（Notre Dane de Paris），英國的惠斯民寺（Westminster Abbey），皆是其例。而德國的科倫大寺（見前圖）尤爲哥特式中的模範。這寺奠基於一千二百四十八年，直至一千八百八十年而始完成，工事期間歷六世紀之久，其工作之困難蓋可想見。當時各國有專門研究這種極度向上的建築法的集團名曰 Bauhütten（石工研究會）精研「高」的建築，技術試行種種危險的構成。他們要表現宗教的神祕相，要把宗教的精神翻譯爲視覺的形態，要把抽象的觀念用形體來表現，於是否定了石材的力學的性質，極度地使用結構的技法。科倫大寺是冒險嘗試而成功的一例。在意大利北部地方有因過於冒險遭逢失敗，而中途停工的寺院建築。唯米蘭大寺（Milan）爲哥特式中冒險成功的第二例。如第四圖所示。原來意大利是個性很強的國家，當哥特式盛行全歐時，意大利南部堅守向來的傳統，拒絕北歐的建築潮流，只有北部有哥特式流入。而米蘭大部爲一種奇蹟的成功。細看這寺院建築的形式，可知其與前揭的科倫大寺大同小異。這是北歐的大勢與意大利的傳統的合倂的式樣，是南北兩派的混血兒，可爲建築史上的一件特殊的紀念物。故其建築工事曾經長年的討論和爭執，方纔確定這般的形式。北歐的哥特式建築一味求高，缺乏穩重安定之感。意大利的哥特式能在穩妥的基礎上求高，較可避免這個缺陷。這寺全部用白色大理石爲材料，在薄暮或晚間，能給人以神祕的、空想的印象。據傳說，這寺是意大利人爲欲與北方的阿爾卑斯山爭高而建造的。

入了十六世紀，哥特式建築爲了冒險地求高，終於陷入自滅的運命。同時基督教勢力也爲了極度地擴張，達到了衰沈的時期。世間一切文化相關連，政治、宗教、藝術，互相牽制而進展着，不可分離。哥特式為了無視建築構成的約束而一味貪高以致於自滅。中世的封建制和教會權和牠同時沒落大概也是為了無視社會構成的約束而一味地貪高的原故罷？

六　復興式

十六世紀初，意大利商業都市勃興，教會與封建制度所培育的中世文化驟衰。此後的近世文化以意大利為中心而展開。寺院建築又換了一種新的樣式而出現。這樣式稱為「復興式。」這正是「文藝復興」(Renaissance) 的時代。

前已說過，意大利在藝術上是一個個性強頑的國家。當哥特式藝術潮流澎湃於北歐時，意大利除了北部幾處地方外，不受這潮流的影響。北歐競建那錦繡似的森林，意大利人管自營造以古代 Basilica 為基礎的寺院，到了哥特式沒落的時候，他們就從古典中探求美的要素，而獨創新的樣式。這種新樣式的主要的特色，是脫卻了從來的宗教的誇張的習氣，而求純美的造形的表現。換言之，寺院建築從古代神殿出發，經過了中世的教會化，現在復歸於神殿。在地點上也是如此：寺院建築由意大利萌芽，發展於全歐，現在仍歸於意大利。故意大利可說是寺院的本宅，藝術的故鄉。

復興式寺院的特點有三：第一，不求高而求美；第二，不求華麗而求調和；第三，注重作家的個性。故向來建築工事委託於多數人，現在則委託於一個人，由這個人充分發揮他的個性，創造特獨的形式。這三點，是文藝復興時代一切藝術共通的特色。

為了獲得第一第二兩特點，復興式建築盛用大穹窿。穹窿原是古代羅馬建築上所盛用的形式。建物上部加了一個半圓形的穹窿，好似一個人張着一把傘，人的地位愈加穩定，全景的中心點愈加顯明，而曲線直線的對照愈加優美。塔也有使全景中心點顯明的作用；然而塔勢指天，有把建物從地中抽拔出來上昇於天的意趣，使建物本身缺乏穩重安定之感，哥特式的缺陷主在於此。穹窿則不然，其本身作天空形狀，覆蓋建築物，使全體自成一天地。故復興式建築的最重大的研究，是穹窿的曲線。現在揭示世界最大的寺院穹窿，如第五圖。這是羅馬聖彼得大寺的大穹窿(St. Peter's Dome)，其作者不止一人，完成者是當時大建築家勃拉芒諦(Bramante, 1444-1514)與米侃朗琪洛(Michelangelo, 1475-1564)等。

聖彼得大寺是世界無二的大伽藍，歐洲人稱之為「羅馬的寶冠」。這寺並非全部在文藝復興期造成，其由來甚久，差不多與基督教的確立同時誕生，屢經修整及改造，到了勃拉芒諦等的手中而大成。現在把牠的來由和情狀略加敍述，以結束我的講話。

據傳說，這寺是君士坦丁大帝治世所建立的。開工的時候，大帝曾經親自拿鋤頭在基地上掘起最初的一塊土。這基地，原是古代羅馬的競技場。當基督教布教時代，教徒就在這裏被羅馬人虐殺。那班殉難者或被猛獸裂食，或被全身塗油焚燒，備極慘酷。聖彼得就在這地基上受磔刑。因此基督教徒保護令下之後，這裏就成了聖地。聖彼得的墓就築在這聖地上。聖彼得大寺就建在他的墓上。大穹窿的下面，正是受磔刑的聖徒永眠的地方。

這寺的規模非常偉大。穹窿的外面，有一個橢圓形的壯麗的大柱廊，把聖地與俗地隔分。柱廊內的圓形地盤之大，據說可以容納全世界的基督教信徒。橢圓形的兩焦點上，設兩個噴水池，水帶不斷地在空中描出彩虹的模樣。身入其境，眼光自然集中於裏面的大穹窿。向穹窿前進，入寺門，有華麗的前廊。廊內掛着沈重地下垂的皮帳。撥開皮帳，走進裏面的廣堂。堂用雜色大理石構成，飾以金色。穹窿下面有華麗的天蓋，天蓋下面就是聖彼得之墓。這天蓋是名建築家裴爾尼尼（Bernini）所造，全部用青銅爲材料，高百呎。其形式仿耶路撒冷的神殿，四根銅柱作螺旋形，備極豪華。天蓋下的聖彼得的墓上，點着數百盞幽暗的油燈，永年不滅。天蓋的裏面有聖彼得的彫像和玉座，金色燦爛，神聖無比。堂的四周充滿着歷代名家的彫刻。堂內參拜者絡繹不絕。時有婦女把嬌小的嬰孩抱向聖彼得銅像的下面，教他和聖像的足趾親吻。又有傴僂的老婦俯着首站立在聖像下面用各種國語陳述她們的虔敬的祈禱。宗教的神祕的氣象充滿在這大廣堂中。

原來這大寺不是一地方的寺院，乃是一個國際的大教會堂，全基督教徒的大本營。這在牠的內部的構造上可以窺見。這廣堂除中央一大祭壇外，左右還有二十八個祭壇，以及無數的懺悔場。故任何國人均可自由選用祭壇而行儀式，用任何國語皆可致懺悔。這構造能使各國的教徒皆得自由在旅行中滿足他的宗教生活。無論何國的人一入此寺，就像走進他故鄉的寺院一般可親，不覺得生疏。故這構造一方面是極度的理想化的，另一方面又含着很多的實用的意義。

這寺的建築工事，有複雜的經過。最初的舊堂自君士坦丁大帝以後千二百年間，一向不廢。教徒們尊崇聖彼得遺骸，同樣地尊崇這舊堂的建築。法王曾經想把這舊堂拆毀，受大衆的反對，終未敢行。到了文藝復興初始由建築家勃拉芒諦設計重建。勃氏於工事未竟時中途逝世，由他的同鄉人拉斐爾（Raphael 文藝復興三傑之一）繼續經營。拉氏又在工事的中途夭逝，暫時由他的二個助手繼續經營。後來七十二歲的老翁米侃朗琪洛（Michelangelo 文藝復興三傑之一）出來接手。這老翁費了十八年的努力，直到九十歲的時候，方始把大穹窿的骨格完全造成。後來又經許多作家的繼續努力，到了裴爾尼尼而大穹窿的工事方始全部完成。自重建至此，共歷二世紀之久。

世人對於這大穹窿的形式，有多方的讚美詞。在合理主義思想盛行的十八世紀時，法國的數學家曾用數學的理論法來讚美這大穹窿的輪廓線的美。反之，十九世紀後半，浪漫主義時代的人歡喜非合理的解釋，又讚美這大穹窿爲天才的直觀所產生，這輪廓線乃用自由的神技而描出。有的說「這穹窿上的曲線，凌駕一切幾何學的定規。」有的說「這是感覺所生的曲線，天才所創造的形式。」有的說「這穹窿的外觀，爲建築藝術在地上所能顯示的最美的形態，卻用最簡單的輪廓線描成。」有的說「這是一切伽藍中的伽藍，」又有人說「這不是人手所作，乃天所賜予；一切的罪惡，在這穹窿之前無法隱藏。」這話類似我國各處城隍廟裏的匾額上的「到此難瞞。」但這並不全是迷信，偉大的宗教建築往往能從直感上給人一種啟示，使人心暫時遠離顛倒夢想的苦惱，而回顧生命的本源。——但在宗教被政治社會政策所利用的時代，這種啟示就變成壓迫。

十七世紀以後，基督教中心的時代漸成過去，人心顯著地傾向實際的要求。各國的君王不肯再爲聖者造寺院，卻熱心於爲自己造宮室。寺院建築至此告終，而華麗奢侈的宮廷建築就代替了牠而興起。這是下回的講話的題目。

羅佛爾宮

維爾賽宮

第五講　宮的藝術

自十六世紀文藝復興以後，基督教會的權力從發達的頂點開始衰落起來。繼着教權而起的是王權，故十七世紀被稱爲「王權中心時代。」

教權衰落的原因，一則爲了宗教改革運動揭破了當時教會的缺陷，減弱了人民對於基督教的信仰力二則爲了文藝復興運動注重復古，一切文化都傾向於古代的模仿。人民不再熱中於基督教文化了。同時，歐洲各國正在力圖國家根柢的鞏固，盛行中央集權制。以前的教會文化就一變而爲「宮室文化。」宮室文化在美術上所留的痕跡，最主要的是宮室建築。如前講所說，寺院建築已經高得不能再高，尖得不能再尖。此後的宮室建築所要求的不是高和尖而是華麗——尤其注重建築物內部裝飾的華麗。由寺院建築變成宮室建築，是世界文化的一大轉機。若以古今二字把歷史劃分爲二時期，則寺院以前的可稱爲古代的建築，宮室以後的可稱爲今代的建築。這古今建築的差別，大體有四點，現在先把牠們列舉於下：

第一，古代建築大概以鬼神爲題材。除了注重肉體享樂的羅馬人營造大浴場之外，埃及的墳墓，希臘的神殿，中世的寺院，皆以鬼神供養爲其目的，住人不過爲其附帶的條件。今代建築的題材，就從鬼神一變而爲活人。宮室以貴人的住居爲目的而建築，商店洋樓以富人的事業和住居而建築。自從宮室文化時代的十七世紀以降，世間不復有媚鬼神的大營造，所有的大建築都是媚富貴之人的東西了。

第二，古代建築大概爲羣衆公用而建造。希臘的神殿爲全市的守護機關，爲全市民的瞻觀場所。中世的寺院爲教徒的集會所，爲萬人的靈魂的歸宿處。埃及的金字塔雖曰王者私人的墳墓，其實是爲民衆觀瞻而造；彷彿中世的寺院，是用建築的高大來收攬民心的。自宮室文化時代以後，大建築不復爲羣衆公用而建造，都爲私人或私人團體而建造了。宮室爲王者，爲貴族；商店洋房爲資本家，爲闊人。這種建築的富麗堂皇，雖然也給羣衆看，但只是作廣告，裝場面而已。

第三，古代建築大概不以人生的現世幸福爲目的而建造。除羅馬浴場以外，埃及的墳墓爲王者的「死後生活」而建築，希臘的殿堂爲神的供養而建築，中世的寺院爲聖靈的供養及教徒的來世幸福而建築。自從宮室文化時代以後，建築都以人生爲題材，都爲人生現世的幸福而建造。這原是人類生活進步的現象。可惜過去的爲人生的大建築，都爲一極小部分的人生，而不爲羣衆的人生。宮室爲少數貴族的現世幸福而造，商店洋樓爲少數資本家的現世幸福而造。大多數的羣衆不得享受其幸福，反而得受服役等種種苦痛。可知這種爲人生現世幸福的建築，尙未充分進步。將來如能更進一步，而有爲大衆的大建築出現，方爲人類生活的福音。但這是題外的話了。

第四，因了上述的三種情形，古代建築大概注重建物外部形式的美觀。金字塔注重外形的高大，巴爾推濃注重全體的調和，科倫寺院注重眺望的巍峨。內部形式雖然也講究，但遠不及外部形式的注重。這種建築可說都是專重外形的。宮室建築開始反對這一點，不以眺望者爲主；而以住者爲中心，非常注重室內裝飾。甚至完全不顧外部形式的美觀，或故意作樸陋的外觀，使人入內方見意想不到的華麗。最近的商店建築也注重外形，但同時決不肯忽略內形。故宮室文化以來的建築可說都是注重內形的。

上述四點，是古今建築的差別。恐怕不但建築上如此，世間一切文化，都具有這種變態，不過顯隱遲早不同耳。現在且把宮室建築的狀況敍述於下。

自古以來，時代思想常留痕跡在美術上。政教一致的上古時代，確信靈魂不死，遂有偉大的金字塔的製作。都市國家制的希臘時代，市民免除國難，感謝守護神的恩德，遂有精美的神殿的製作。教權中心的中世時代，教徒確信天國的存在，祈求來世的幸福，遂有巍峨的寺院的製作。到了這種美麗的夢被時代潮流所驚醒了之後，人心就集注於現世的事實上。為人羣的首領的王者，開始驅使其威力，以裝飾其私人的生活。宮廷藝術因此而興。

十七世紀宮廷藝術最盛行的國有二，即西班牙與法蘭西。西班牙皇斐利普四世網羅全國的大美術家，使之專研宮廷裝飾的美術。畫家所描寫的全是貴族的生活，建築家所研究的全是宮室的建築法。音樂家也都做了貴人邸宅中的樂人。現今留傳於世的西班牙名畫中，我們還可看見有不少貴婦人描寫的作品。比西班牙更大規模地提倡宮廷藝術的，是法蘭西。法蘭西的宮廷藝術，不是在十七世紀纔開始，文藝復興期早已提倡。當時弗郎沙一世優待晚年的達文西(Leonardo da Vinci)，要他為宮廷計劃裝飾，肇開法蘭西宮廷藝術的始端。到了十七世紀，法蘭西名帝路易十四世出現，宮廷藝術就具有最典型的姿態。他創立美術學院(Accademy)，養成宮廷藝術的專門人才。他所完成的有二大建築，即羅佛爾宮(Louvre)與維爾賽宮(Versailles)。後者尤為宮室建築的代表作。這種建築的樣式，特稱為「路易十四式」。在一般美術樣式上，就是所謂「罷洛克式」(Baroque)。由此更展進一步，即成為十八世紀的「洛可可式」(Rococo)。

建築曾由巍峨的「哥特式」(Gothie)一變而為簡潔的「復興式」。現在又從簡潔的復與式一變而爲華麗的「罷洛克式，」與纖巧的「洛可可式。」罷洛克與洛可可是美術上特用的兩個術語。其在建築上的特色是繁瑣、濃麗、多曲線、多細緻的彫刻。華麗的裝飾常隱蔽建築的構成，使建物全體顯示繪畫的效果。此建築樣式的流行，以意大利與法蘭西兩國爲中心地，而在法蘭西尤爲盛行。意大利罷洛克式的代表作家，就是羅馬聖彼得寺院前面的柱廊的作者裴爾尼尼(Bernini)。他用巧妙的方法，使柱廊因透視的作用而把廣場顯得更廣，把寺院顯得更高。在大穹窿的籠罩之下，寺院全體顯示非常壯麗而調和的姿態。這寺由各時代的大家合力作成，在柱廊這部分上可說是罷洛克式的先驅。此風入法國而盛行。最初亦僅用於宗教建築上，路易十四世始移用之於宮室上。全以曲線爲本位，而特別注重室內裝飾，濫用無數複雜的模樣。巴黎現有三大著名建築，即巴黎聖母院(Notre Dame de Paris)，及上述的羅佛爾宮與維爾賽宮。前者是屬於哥特式的，後二者就是路易十四世所完成的罷洛克式的代表作。羅佛爾宮分西南二部，開工於十六世紀，由路易十四世請意大利大建築家裴爾尼尼完成之。維爾賽地在巴黎西南郊外十四五哩之處，原是舊宮，由路易十四世費十億金及四十四年的日月，大加增修，遂成今日的華麗的宮殿。其中央磚石造的正殿，原爲路易十三世的居邸，現在爲國立博物館的一部分——歷史工藝博物館。其外有路易十四世的銅像，宮內遍是名畫家所作的壁畫——歷史畫，及王家人物的肖像畫。樓上大廣間中四壁及天花板上的繪畫尤爲絢煥燦爛。其中有一室，曾爲歐洲大戰講和時的談判所。又有一室爲路易十四世的寢室，中有臨終的寢牀，一切器具悉如其生前所布置。昔日的帝居，今已爲遊人憑弔的古蹟了。

路易十四世歿（一七一五年）路易十五世繼立，年幼，由斐利普攝政。宮室生活的奢侈更甚於先代，其影響遍及於民間，造成了一代浮靡的風習。這時候的建築比前更爲浮華，特稱爲「攝政式」(Stil Régence)，即爲後來洛可可式的準備。攝政式的建築，其構成的要素（例如柱等），全爲表面的裝飾所掩蔽，只見有優雅華美的曲線，而全無強力的感覺。洛可可式比這更進一步，完全不顧建築物外部的美觀，而專重室內的華麗，有時故意裝成無趣味的外觀，而在內部施以驚人的裝飾。這種樣式與注重外形美觀的古代的神殿寺院比較起來，成了完全相反的對比。

但洛可可式只是曇花一現，路易十五世死，洛可可式即與之偕亡。路易十六世即位（時在十八世紀後半）大改先代奢侈之風，崇尚樸實。「路易十六世式」的建築，全不用動搖的曲線，但求穩定，不取繪畫的表現，但求合於規則的形式。甚至把石造建築的外部裝飾照樣應用於室內。這是法蘭西大革命後的古典主義藝術的先驅，原是合於時代潮流的藝術形式。但上兩代的驕奢之罪歸併在路易十六世一人身上，使他終於失卻民望，得到悲慘的最後。路易十六世上斷頭臺後，歐洲文化大改面目，美術史亦轉入全新的時代——近世古典主義時代。

然近世古典主義的潮流偏重在繪畫方面。故十九世紀的建築只是罷洛克、洛可可的連續，無甚特異的表現。換言之，十九世紀的建築只是路易王家的貴族主義加了拿破崙的英雄主義，成爲王侯貴族享樂的一種遊藝，全無新時代的精神。這在建築上稱爲「擬古典派」，像巴黎的兩座凱旋門（巴黎凱旋門與 Etoile 凱旋門）即是其例。此後的建築稱爲「浪漫派」，像倫敦國會議事堂，巴黎大歌劇場，比利時 Brussele 大法衙，皆是其例。然這等建築皆徒有形式而缺乏力感，只能說是新時代建築的準備。眞的新時代的建築，發祥於德國。有名的 Effel 鐵塔是其著例。此鐵塔高一千餘尺。現代商業大都市的各種驚人的鐵造建築及高層建築，皆以這鐵塔爲先導而出現。

近世建築始於王權中心時代，到現今已轉入商業中心時代。其共通的性狀，即前述的四點：（一）爲人生的，（二）爲私人的，（三）爲現世幸福的，（四）注重內部形式的。從王權時代到商業時代，雖然建築的技術和形式屢經變遷與進步，但內容性狀還是同一：從前的宮室可說是王家的總店，現在的摩天閣可說是資本家的宮殿。現代藝術都正在努力向民衆開放，獨有建築始終爲少數人所獨占。這一點使我這一回講話減卻了不少的興趣。倒不如以前談希臘的神殿，談中世的寺院，雖然所談的是古昔迷信時代的建築，但其建築非爲私人享樂，皆爲民衆瞻觀。卽使動機何等不純正，談時似乎較現在有興味得多。

紐約 Woolworth Building

德國 Schocken 百貨商店

荷蘭勞動者住宅

第六講　店的藝術

我國前時代人憧憬「京洛」之遊，現代人卻都想「到上海去」經商，發財。即有想到南京去的，其目的也仍是發財。黃金之力與商業之道支配了資本主義社會的人心。只要就建築上看，卽可明知這變遷。前代的建築主題是宮室，現代的建築主題已變成商店。原來建築一事自來在美術史上占有最基礎的立場。在無論何時代，建築常爲一切美術的嚮導。人類思想時代精神，常在建築中作具體的表現。

現代商業是怎樣興起來的？遠因在於百餘年前：十八世紀末葉，拿破崙搗亂歐洲，弄得各國民窮財盡，人心不安。同時科學昌明，機械發達，工業勃興，交通便利，生存競爭日漸激烈起來。於是歐洲的人就非努力賺錢不能生活。賺錢之道，莫妙於經商。商業都市由此日漸發達起來，直到今日，發達得「不堪回首」，有人說已到了繁榮的極頂了。

現今世界商業的中心地，要算財力最雄富的北美。紐約本是世界第二大都，現今已變成了世界一等的商場。商業建築在這地方呈最大的偉觀。其次要算德國。這個國家自從在第一次歐洲大戰中一蹶之後，奮起直追，一切建設都改弦更張，顯示飛躍的進步。現代商業建築上的新建設，大都發端於德國。在大戰前德國就有許多建築家創造新式的建築，爲現代都市建築的起因。初有 Franz Schweehten 者，在柏林造「鐵車站」，又造鐵骨的百貨商店，是爲現代建築上的「鐵的革命」的先聲。其後，又有 Alfred Messel 者，演進前人的建築技術，又作鐵骨的高層建築。還有一位叫做 Alexandre Gustave Effel 的，在千八百八十九年巴黎的世界大博覽會中建造一個極高的鐵塔，名曰「愛弗爾鐵塔，」在當時是全世界知名的最高的鐵造建築。其高度爲一千餘尺。這是世間高層建築及大鐵橋的起源。

這班德國大建築家的企圖，加了現代資本主義的勢力，便演成現代商業大都市的建築的偉觀。

現代商業都市的建築，大約可分爲二類：第一類是資本主義者方面的，第二類是勞動者方面的。前者是廣告性質的摩天樓及各種尖端的建築。後者是合理主義的建築，如最近德國及蘇俄所努力企圖的所謂 Siediung，（譯音爲「奇特倫格，」是集合住宅的一種新樣式，猶似上海的弄堂房子，但是進步甚遠。）及各種實用本位的新建築。

現在把兩種分述於下：

一 廣告性質的建築

廣告性質的商店建築，其形式不外兩種：一種是異常地「高，」一種是特別地「奇。」對於上述第二類合理主義的建築，這可說是「不合理主義」的建築，因爲資本家不管工本貴賤，不管合不合實用，不管對於都市人的生活上有否害處，一味求其形式奇特而觸目，以爲商品的宣傳手段。現在先就「高」的建築說。

Sky-scraper（摩天樓）在紐約最盛行。遠望紐約市，好像一座樹木都被斬了首的大森林。前回我講中世紀的寺院建築，曾經用森林來比方那種尖而高而華麗的哥特式寺院。現在紐約的摩天樓，其高比寺院更甚，然而都是光光的，好像森林的樹木都被剝了皮，去了枝葉。又好像是竹林中的怒放的春筍，然而筍尖頭也都被斬脫了。

第一圖是現今世界最高的實用建築，紐約的 Woolworth Building。試看牠的窗子之多，全體好像一扇舊式的格子窗。這種摩天樓大都是商業的事務所。我們驟見時，誰都感到驚駭。摩天樓所求的效果就限於這點驚駭。在這驚駭中，一面可以誇耀他們商業資本的雄厚，一面可以宣傳他們的商品，以推廣其營業。但是講到建築本身，這樣的高於實用上非但無益，而且有害。

關於摩天樓高度的問題，在現今的建築家之間有很多的爭論。有一小部分的人，讚美摩天樓越高越好。他們以爲這是北美文化的必然的結果，是美人的天賦的性格的產物。但大部分的建築家都反對高層建築。就效果、地價、收入、租稅、市民生活、活動、出入、時間消費、公衆衞生及安全等問題上着想，太高的摩天樓都是無益而有害的。建築界中反對摩天樓的呼聲已起了四十年，然而資本主義者方面如同不聞，只管愈弄愈高地在那裏建築。據反對者說，高層建築的害處很多：一者，建物太高，遮斷了光線，使地上常有大塊的陰影，妨害公衆衞生。二者，疊屋架牀，空氣也不清潔，又有害於公衆衞生。三者，在試建期內，技術未練，有崩壞的可能，又有妨於公衆安全。四者，其唐突的形式，有害於街道的美觀，使人望見紐約市，只覺驚駭而感市街形式的不美。都市生活的弊害，其根源實在於高層建築。據各建築家說，高層建築以八層至十層爲最適宜。過此限度，皆於都市生活有害。然而現在紐約等各大都市中，八層至十層的建物都躲在諸大摩天樓的脚下，不容易被人注意了。就是上海，頭二十層的「高房子」也已有了不少，八九層的不算希奇了。因此現代都市生活的人，暗中爲商業建築受着不少的苦痛。在資本家方面，爲了競誇廣告，也受着不少的損失。高層建築的初意原爲經濟地皮。但層數過多，材料及設備（升降機等）的費用增大，抵不過所收入的房租。據建築家的計算，摩天樓的經濟的高度，以六十三層爲限。但現在世間超過六十三層的建築很多，前揭第一圖即其一例。

據 J. Rowland Bibbius 的計算房屋的層數對於總投資的純利益，其成數如下表：（表中所舉爲普通所取的八種）

層數	對總投資的純利益
八層	百分之四・二二
十五層	百分之六・四四
二十二層	百分之七・七三
三十層	百分之八・五〇
三十七層	百分之九・〇七
五十層	百分之九・八七
六十三層	百分之一〇・二五（最大）
七十五層	百分之一〇・〇六

可知六十三層的建物利益最大，過此限度，層數愈多，利益愈少。因爲要在六十三層上再加十二層而成爲七十五層，最後的十二層，建築時需要特別的費用。例如升降機，須用加高速度的特殊裝置，須增加經費七十萬金元。下部基礎須特別強固，又須增加費。且上面的幾層，屋面非縮

小不可，而升降機所費的地位，非增大不可，每層要爲升降機占去地位九十平方尺。在七十五層中共占地位六千七百五十平方尺。這樣，添了十二層所多的貸賃面積，實在有限，可謂得不償失。據前人的計算，高至一百三十一層時，其利率如下：

一百三十一層——百分之〇・〇二

可知「高」的建築在公衆是有害的，在投資者是損失的。所得益的，就是一點廣告作用。我六十層，你七十層，他再來個八十層。外人看來總是他的資本最厚，大家就信託他，向他交易。於是他的營業發達起來。於是商業都市呈了膨脹病的狀態。

其次就「奇」而說，爲欲使人觸目，增大廣告的作用，建築就取奇形怪狀的樣式，即所謂「尖端的」新樣式。尖端的新樣式，不一定是不合理的，但倘不顧生活上的實用，而專以新奇爲目的，也同摩天樓一樣，爲不合理的建築。現代商店中較合理的尖端的建築，可舉德國刻姆尼斯(Chemnitz) 的曉耕 (Schocken) 百貨商店爲例，如第二圖：

這是新建築家孟特爾仲 (Mendelssohn) 所設計的。這是現代最新穎的建築樣式。全體好像一艘大汽船。從來建築所共通的「直」的樣式，現在一變而爲「橫」的樣式。在日間白牆的橫條蜿蜒左右，確比摩天樓的嚴肅的直條可愛得多。在夜間帶狀不斷的玻璃窗中燈火輝煌，彷彿幾道金光，煞是好看。據評家說這商店建築的現代性有三：第一，這是鐵材建築。鐵材的特色，是柱子所占地方極少，而且不須支在建築物外部。因此外部可用帶狀不斷的橫長的玻璃窗和白牆，而不見一根柱子，幾使人疑心這建築物是從天空中掛下來的。這曉耕商店的柱子，在於窗內離窗三米突之處，毫不占取壁面的地位。因此壁面可以全部開窗，使室外形式美觀而室內光線充足。第二，這樣式對於夜市有很大的效用。都市的生活，夜間常比晝間更加熱鬧。燈火是現代都市商店的一大筆開支。用了橫長的窗條，透光容易，少量的燈火可以照出多量的光，增加其夜市的廣告效力。第三，瑣碎華麗的裝飾風，已爲過去時代的樣式，爲現代人所不喜，合於現代人感覺的，是「單純明快」。這是一切現代藝術上所共通的現象，可說是現代的時代感覺。曉耕商店遠望只見幾條並行的曲線，而黑白分明。一種強烈的刺激深入現代人的感覺中。故在最近各種尖端的商店建築中，曉耕爲最進步的代表作。

一味好奇而不顧形式的難看與實用的不宜的商業建築，在現今也非常多。最普通是仿古——就是模仿古代的神殿，用粗大的柱子；或模仿中世的寺院，用莊嚴的屋頂。銀行建築最喜取這種壯麗的裝飾。美國最初的高層建築，五十層，取哥特式寺院的樣式，其建築家自稱其設計爲「商業的伽藍」(Bussiness Cathedral)。又如芝加哥的 Tribune 報館的建築，取鐘樓式，遠望好像寺院的附屬建築。此外，在近代的建築上，唐突地加一排大石柱，或突如其來地加一個圓屋頂(Dome)的，在各都市中處處皆是。據說日本三井銀行的資本只有建築費，而建築費中幾根大石柱所費不小。他們是全靠這幾根大石柱來表示金融資本的威權，而博取大衆的信用的。

這種仿古的尖端式，除了作奇特的廣告以外，在形式及實用上都是無益而有害的。就形式而言，古今樣式並用，使人起「時代錯誤」之感。破壞都市的市街美。就實用上說，大石柱在建築的堅牢上完全是不必要的，專爲裝飾之用。(古代不曾發明鐵造建築，必需柱爲建物的支體，故其用處很自然。現今不需用柱支屋，卽有不自然之感。)而有了這些大石柱，室內光線遮暗，損失地位，又使事務員能率減低，顯然是無益而有害的裝飾。然爲了商業的廣告作用，現今的都市中正在競用稀奇古怪的式樣，和不調和的觸目的色彩。基督教的寺院形式，希臘的神殿形式，都出現在現代的商業建築上了。唯有埃及的墳墓形式(金字塔)尙未被人應用過。也許不久將有金字塔形式的銀行出現了。

美術論者謂「社會所導出的必然性，常與造形美術的必然性不相一致。」誠然！資本主義者要求建築形式的「觸目」，於是背反建築技術的必然性，演成種種不合理的狀態。

二　合理主義的建築

上述，是資本主義利用建築作廣告。換言之，是建築受資本主義的蹂躪。故此不能代表現代新興美術的建築，只能算是一種畸形的發展。眞的合於時代潮流的新興美術的建築，在現世自有存在，卽合理主義的建築藝術。

新興美術有三種意義：

第一說，是新興階級所創造或享受的美術。這是馬克思主義者的說法，他們以爲過去及現在的社會受資本階級的支配，未來的社會當爲普羅階級所支配。普羅文化中的美術便是他們所謂「新興美術。」第二說，有尖端的意圖及形式的，是新興美術。這是專講造形美的說法。他們不管社會思想及階級的感覺等背景，但求形式的新穎與尖端。第三說，在藝術史上有建設的意義的，爲新興美術。這是根據歷史科學的靜觀的說法，最爲中肯。能不墨守舊規而開拓新境，方是有價值的新興美術。

新興美術的建築，自然也以合於最後一說的樣式爲正統。這便是合理主義的建築。這合理根據着社會要素的三方面：第一，必須自覺其階級性。如馬克思主義者所說，只有普羅階級的美術是新興藝術，其餘均是將沒落的階級的末期的藝術。但事實上並不如此簡單。在將沒落的階級中，亦有新興美術的存在。故只能求其自覺階級性，都不能限定某階級。第二，盡量應用現代的技術。例如機械代手工，鐵材代木材便是。第三，具有「單純明快」的現代感覺。這是一切現代美術所共通的特色。

自十八世紀至二十世紀的二百年間，世間的建築事業日盛一日地在那裏發展。然而只是增加些量，式樣上大都屈從傳統，全沒有質的改進。經過這長期的衰頹之後，現在勃興起來，頓呈全新的光景。所謂合理主義的建築的主張，約有六點：

第一，新興美術中的建築分為二類，即紀念建築與目的建築。前者是形式為本位的，後者是實用為本位的。而實用本位的建築居大多數。新建築家所考慮的建築樣式，大多數是以「人生」為題材的。凡最合於實用的建築，便是最進步的最美的建築。

第二，過去的建築常犧牲實用性而誇耀外觀美，都是不合理的。合理主義的建築，須並重衛生，住居的快適，及形式的美觀。

第三，現代建築大多數是目的建築，故首重平面圖（房室支配，）次重側面圖（房屋的外觀，）即以實用為第一義，以美為第二義。

第四，除必要的以外，不作無益的費用。例如柱，在過去時代是必要的，但是現代的鐵材建築上沒有柱的必要，應當撤去。無用的裝飾反有損於建築的美。新興建築須以費用最小的材料，來作效用最大的機能。

第五，注重建築的實用性。建築的主要的題材應是住宅，尤其是「集合住宅」與「最小限住居。」現今德國及蘇俄的建築家，卽以此爲研究的主要目標。

第六，美的建築。就是實用性濃厚的建築。工廠建築在前代不列入美術中，現在成了建築美術中的一大題目。

綜觀上述六種主張，可知現代合理主義的建築，其目的是要救濟現代資本主義的大都市中人的住居苦。現今的商業大都市中，地狹人多，住居的不舒服是生活上莫大的一種苦痛。在我國，上海人的住居苦尤甚。在公司裏賺四五十塊錢一月，已是一隻難得的好飯碗。他們只能出每月十元左右的房租。而十元左右的代價所得的房屋，至多只有一間「前樓。」丈餘見方的一個小天地內，包括臥室、食堂、會客室、竈間和便所。賺十元左右的工人，只能日班的和夜班的合租一個「閣樓，」白天讓做夜班的人去睡，晚上歸做日班的人去睡。這簡直不是人的生活！要改良這種都市人的住居，雖然不是建築單方面所能解決的事，然而建築也總是改良的一端。合理主義的建築家所設計的基礎條件，就是想解決這個難問題，使都市中的勤勞者免除住居不良之苦，而獲住居的衞生與快適。可惜在我們中國，衣食住行中第一第二兩事現在還解決不了，遑論其他？

努力於解決上述的難題的，現今各國都有建築家的集團，其團體名曰「Siedlung」。其中主要的建築家愛倫斯德·馬伊最近受蘇俄招聘，去設計社會主義的都市建築了。他們已有種種設計圖發表。然而蘇俄所定的目標太高，非有高度的社會訓練的國家，一時恐難實行。現在舉荷蘭所已建的勞動者住宅一例，如第三圖。這雖然不是店的藝術，但也是商業都市建築的一種。

總之，Siedlung 是集合住居的一種新形態。性質與上海的「弄堂房子」相似，而設計比牠進步甚遠，明亮的窗，潔淨的壁，一種健康、快適而簡便的都會生活的住宅。這種住宅的合理點，就是其適於現代社會的需要和大衆生活的要求。歐戰中受創最深的德國人，對這種經營最為努力。

以上所說是現代合理主義建築的一種重要題材。以下再談牠的形式美和材料。

現代建築的形式美，約言之，有四條件：第一，建築形態須視實用目的而定。第二，建築形態須合於工學的構造。第三，建築形態須巧妙地應用材料的特色。第四，建築形態須表出現代感覺。

現代建築界的寵兒勒・可爾褒齊(Le Corbusier)有一句名言「家是住的機械。」這句話引起了世界的反應，大家從機械上探求建築美。換言之，即從實用價值中看出的藝術的價值。凡從事外觀美而不適實用的建築，都沒有美術的價值，在現代人看來都是醜惡的，現代人的家，要求室內有輕便的衛生設備，——換氣、採光、暖房等。要求建築材料宜於保住溫度，宜於防溼氣，宜於隔離音響，且耐久耐震。要求窗戶的啟閉輕便而自由。因此木框的窗改為鐵框的窗。最徹底表現這種建築美的，便是上述的Siedlung——無產者集合住宅的新形態。集合住宅的意圖，是用最小限的空間，最小限的費用，來企圖最大限的活用。昔日不列入藝術範圍內的平民之家，現在成了最顯示美的特質的建築題材。

建築形態合於工學的構造，就是要求力學的機能與建築的基本樣式保有密切的關係。例如鐵比石輕便，比石占據地位更少；鐵骨建造可使建築物表面免去柱的支體。盡量利用這種力學的機能，便可在建築上顯示一種特殊的美。

材料的特色，例如古代建築用石材，表出石材特有的美。現今的建築用鐵，用玻璃，亦必盡量發揮鐵和玻璃固有的材料美。白色的半透明玻璃的夜光的效果，已在現代都市中處處顯示着。

現代感覺，不限於視覺，須與現代人生活全部相關聯。例如最近流行一種鋼管的家具桌椅，便是爲了牠適合現代感覺，與現代人的簡便輕快的生活相調和，最適宜於作爲「住的機械」的一部分的原故。

建築材料中，能使美的要求與實用的要求最密切地相關聯的，莫如玻璃。爲的是玻璃能通過光線，使室內明亮。因此現代建築上愛用面積廣大的窗。在現代建築中，玻璃成爲一種重要材料，不但是窗，就是桌、板、壁等也廣用玻璃爲材料，終於產出了最新穎的「玻璃建築」。不久以前，建築上發起「鐵的革命」，現在又在發起「玻璃的革命」了。

玻璃革命的首領，名叫討忒（Bruno Taut）。最初的起事，遠在一千九百十四年。那年他在德國的展覽會中建一壁面全用玻璃的建築，名曰「玻璃屋」。這可說是玻璃建築的最初的紀念物。凡事的興起，總是出於浪漫的精神。「玻璃屋」的出現也如此。爲了當時有一位美術評家名叫顯爾巴爾忒（Scherbart）的，寫一册小書，名曰玻璃建築，捧獻於大建築家討忒。討忒對他的浪漫的計劃發生共感，就設計建造這「玻璃屋」，以爲對顯爾巴爾忒的答禮。顯爾巴爾忒主張玻璃建築的動機很浪漫的，但看下面這一段話，即可知道：

「我們通常生活於閉居的住宅內。這是我們的文化的環境。我們的文化，在某程度內，爲我們所住的建築所規定。倘欲使我們的文化向上，無論如何，非改變我們的住宅不可。現在所謂改，必須從我們所生活的空間取除其隔壁，方爲可能。這不外採用玻璃建築使日月星辰的光不必通過窗戶入室，而從一切壁面導入。這樣的新環境一定能給人一種新文化。……」

上面所引的一段話，異想天開，浪漫可喜。然而我覺得懷疑，特在其「在某程度內」及「一定」兩語上加了圈圈，以便吟味。究竟住宅對於我們的文化有怎樣的關係？玻璃屋能否給人一種新文化？我一面覺得懷疑，一面又覺得新奇可喜。環境對吾人心情的影響之大，我是確信的。布置精美而裝飾妥當的咖啡店、旅館，使人樂於久坐，不想離去。西湖邊上善於布置的茶店，其座位的形式好像正在向着遊客點頭招手。反之，良好的寺院建築宮殿建築，又有一種神聖不可侵犯的雰圍氣，能使人緩步低聲，肅靜迴避。然而住屋的壁面統統用了玻璃，使人一天到晚住在光天化日之下，一晚到天亮睡在星月光中，於我們的精神上有怎樣的影響？難於想像。

玻璃建築由這 Romantic 時代興起，現時轉入 Realistic 時代，各處都在盛用這種新材料了。但是用的範圍究竟未廣，尚未看見這新環境所給人的新文化。這且待將來再說。現在且把牠的盛行的經過看一看。

建築上最初應用玻璃，遠在中世時代。那時北歐的哥特式大寺院，柱子細而長，柱子的中間完全是窗，窗上嵌用色彩濃烈的「繪玻璃。」天光通過了這些色彩玻璃而射入寺內，充滿了一種神祕的光，釀成一種微妙的宗教的氣象使人入內如登天國。這用意當然與現代的玻璃建築大異，而且用的範圍也甚狹。但建築上利用玻璃改變環境使影響於人的精神，自此開始。也許顯爾巴爾忒的浪漫論調是從哥特式寺院受得暗示的。

其後，十八世紀宮殿建築全盛時代，宮室內的壁上盛用玻璃。但不透天光，是當鏡子用的。例如巴黎的維爾賽宮內，有一間有名的「鏡間」，即其一例。鏡的作用很大：把空間擴大，使住者感到寬裕。反映紳士淑女的衣冠裙釵，使室內琳瑯滿目。夜間反射燈火，增大室內的光明，若用在相對的壁面上，又可作成無限反射，造成一種神祕的光景。佛教會內供養舍利子的房間內，常用這種無限反射，使人由此窺見「無始無終」的「法相」。我覺得比用在宮室中更加適當。

更次，十九世紀後半，機械工業發達，勸業博覽會勃興，建築上亦盛用玻璃。在鐵骨的框內嵌一塊大玻璃，以代壁面。當時的遺物，就是倫敦的「水晶宮」及巴黎的「機械館」。但以上都是當作紀念建物而偶用玻璃的。正式地用玻璃爲建築材料，是最近的事。

自從一九一四年討忒造了「玻璃屋」之後，另有大建築家格洛比烏史（Gropius）者，推進其設計，建一「玻璃事務所」。玻璃之用漸及於實生活。又有個新建築家當忒林（Tautrin）者，作一鐵骨的螺旋形的國際紀念塔，塔內有三間巨室，四壁都有大玻璃。聽說這人現在已退隱在鄉下，當小學教師。因爲他的浪漫的計劃，與現代俄人的合理主義不合的原故，前述的孟特爾仲所作的曉耕百貨商店，也是盛用玻璃的一例。

玻璃所以被盛用的原因有六：一者，玻璃的壁能使建築的模樣全新。二者，玻璃的明快，合於現代趣味。三者，現代建築以 construction（構造）爲本體，故喜用透明的材料。四者，都市生活要求夜間的照明，玻璃的照明效果最大。五者，商業建築盛用「樣子窗」(show window)，需要大玻璃。六者，玻璃適於社會思想家的主張。他們以爲今日的世間，應該排除個人主義的生活，而提倡共同生活，故建築上也應該撤去不透明隔壁而換用透明的玻璃，表示不閉關而公開。——這一條很有詩意，但實際上建築用了玻璃，社會生活能否共同公開，我也覺得懷疑，而且可笑。

寫實主義的玻璃建築的代表的大作家有二人，其一人叫做洛海(Mies van der Rohe)，他最近正在作一種偉大的設計：三十層的壁面全用玻璃的百貨商店。但能否實現其計劃，還是問題。還有一人，就是現代建築界的寵兒勒・可爾褒齊，他最近在莫斯科所作諸建物，壁面全用棋盤格子的大玻璃，全從實用的意味而使用玻璃。總之，在玻璃的浪漫時代，乃僅爲了其材料的魅力而好奇地使用。入了寫實時代，就從實際的要求而使用。玻璃建物陽光豐富，適於衛生；又光線充足，增加工作的能力。這兩點最合於現代建築的合理主義的要求，故洛海與勒・可爾褒齊的主張，廣受世間的贊許。據評家所說，玻璃建築有普及於全世界的可能，我們且拭目以待之。

從墳到店，現在已經講完。建築決不會永遠停留在店上。以後向哪裏去，難於預言；但看現代建築的趨勢，也可大約測知其方針。卽未來的建築的主要題材，大約不復是爲少數人的建物，而是爲多數人的建物。未來的建築的形式，大約不復爲畸形的而爲合理的。到那時，現在的摩天樓就會同金字塔一樣成了過去時代的遺跡。

本文所用參考書：

板垣鷹穗著　建築的樣式的構成
板垣鷹穗著　藝術界的基調與時潮
板垣鷹穗著　新藝術的獲得
板垣鷹穗編　建築式樣論叢

住单元、
刂古罗马
宅。伴随
市聚集，
建设的出

玻璃建筑

Glass Building

20世纪初兴起

全部用钢和玻璃建造的建筑虽然早已出现，但很长时期并未得到普及。玻璃建筑思潮的兴起始于 1914 年，布鲁诺·陶特设计玻璃展馆并在科隆的德意志制造联盟展览会上展出。20 世纪中期世界上最著名的四位现代建筑大师之一的密斯·凡德罗为玻璃盒子建筑的广泛流行做出了重大的贡献。而真正大量全部用玻璃做外墙来建造房屋的思潮主要发展于 20 世纪 50 年代以后。

玻璃屋（德意志制造联盟展览会玻璃展馆）
1914年
第146页

玻璃事务所（德意志制造联盟展览会办公楼）
1914年
第153页

第三国际纪念塔
1919年
第153页

玻璃摩天楼方案
1922年
第154页

德国晓耕百货商店
1927—1930年
第134页

莫斯科中央局大厦
1928年
第155页

浪漫主义建筑

Romanticism Architecture

18世纪下半叶—19世纪上半叶

受欧美文学艺术中的浪漫主义思潮影响而形成的一种建筑风格。这种思潮在建筑上表现为反对权威、传统和古典模式，追求超尘脱俗的趣味和异国情调，追求绘画的意境，通过借用旧的建筑式样和通过古怪的“铺张排场”加以表现。浪漫主义建筑主要限于教堂、大学、市政厅等中世纪就有的建筑类型。

折中主义建筑

Eclecticism Architecture

19世纪上半叶

又称集仿主义建筑。为弥补古典主
建筑样式上的局限性，主张任意模
建筑风格，或自由组合各种建筑形
衡和纯形式美，不讲究固定的法式
出现的新材料和新技术的要求以
新形式。

早期现代（Early Modern Age）

伦敦国会议事堂（英国国会大厦）

1836—1868年

第118页

巴黎大歌剧场（巴黎歌剧院）

1861—1875年

第118页

布鲁塞尔大法衔（布鲁塞尔司法宫）

1866—1883年

第118页